QUELQUES MERVEILLES

DE

LA NATURE ET DE L'ART.

PUBLIÉ PAR LA SOCIÉTÉ DES LIVRES RELIGIEUX
DE TOULOUSE.

Toulouse, Imp. de A. CHAUVIN, r. Mirepoix, 3.

QUELQUES MERVEILLES

DE

LA NATURE ET DE L'ART.

LECTURES INSTRUCTIVES

POUR LES FAMILLES ET LES ÉCOLES,

PAR

A. VULLIET.

—⋅❀⋅—

DEUXIÈME ÉDITION,

Revue et considérablement augmentée par l'Auteur.

—⋅❀⋅—

TOULOUSE,

SOCIÉTÉ DES LIVRES RELIGIEUX.

Dépôt : rue des Balances, 35, hôtel Sans.

—

1858.

QUELQUES MERVEILLES

DE

LA NATURE ET DE L'ART.

I.

Un bijou de 5 millions et des épaulettes de 600,000 francs.

Un bijou de 5 millions ! vous écrierez-vous, mes chers amis ; quelle dépense folle pour un objet inutile, et sans autre usage que celui de satisfaire une sotte vanité ! Oui, vous avez raison ; s'il se trouvait quelqu'un qui consentît à acheter à ce prix le fameux diamant que nous avons vu exposé dans le centre du Palais de l'Industrie, ce serait vraiment une dépense exorbitante et insensée, dont la plupart de mes jeunes lecteurs ne se font même que difficilement une juste idée. Cinq millions ! savez - vous que cette somme, en pièces d'un franc mises à côté les unes des autres, formerait une ligne de 115 kilomètres de longueur, à peu près égale à la distance qui sépare Paris de Rouen ; et qu'en pièces de cinq francs, cette ligne serait longue de 37 kilomètres, plus de 9 lieues ? Essayez d'après cela de vous représenter les monceaux de pièces d'argent qu'il s'agirait d'échanger contre un bijou un peu plus gros que la moitié d'une noix ! — Quant aux fameuses épaulettes en diamants, qui, avec un chapeau militaire enrichi également des mêmes pierres précieuses, étaient évaluées à 600,000 francs, nous doutons que les sujets du duc de Brunswick soient aussi flattés que leur prince du lustre que la possession de pareils joyaux peut faire rejaillir sur leur petit pays.

Chose merveilleuse ! et que nul certainement ne voudrait admettre si elle n'avait pas été constatée jusqu'à la dernière évidence, le *diamant*, cette pierre si brillante et d'un éclat sans pareil, n'est autre chose que du *carbone cristallisé* ou en d'autres termes du *charbon*, dépouillé, il est vrai, de toutes les impuretés qui souillent ordinairement cette matière. Quelle chaleur intense, quelles mystérieuses transformations a dû subir cette substance pour passer de l'état grossier et informe qu'elle nous présente d'ordinaire, à l'état de cristal étincelant de lumière et de la transparence la plus parfaite ! Ce sont là des secrets du Créateur, et jamais l'histoire de notre globe ne parviendra à lever les voiles qui nous les couvrent.

D'où vient donc, direz-vous, la cherté excessive du diamant, puisque, par sa composition, il a tant d'analogie avec une matière aussi commune que le charbon ? Cette cherté est sans doute quelque peu

due aux qualités particulières du diamant; mais elle provient cependant avant
tout de l'extrême rareté de ces pierres précieuses, en sorte que si l'on venait à en
découvrir quelque gisement considérable
dans le sein de la terre, ou si, ce qui ne
paraît point impossible depuis les récen-
tes expériences de M. Despretz, on par-
venait à transformer le charbon ordinaire
en diamant, alors la rareté de cette gemme
disparaissant, son prix baisserait aussitôt très-notablement.

Le diamant, transparent, doué d'un
éclat particulier très-vif, est le plus dur
de tous les corps connus; il les raie et
les use tous, sans exception, et ce n'est
même que par sa propre poussière qu'on
parvient à le tailler. On ne peut ni le
fondre, ni le transformer en vapeur;
aucun acide ne le dissout, ce qu'on ne
peut dire ni de l'argent, ni de l'or, ni
du platine lui-même.

Cette pierre précieuse se trouve en
grains irréguliers ou en petits cristaux

dans des sables remués autrefois par les eaux. On en rencontre surtout dans la province de Minas-Geraës, au Brésil; dans les environs de Golconde et de Vizapour, aux Indes orientales ; dans les monts Ourals, en Russie ; dans les îles de la Sonde, et en particulier à Bornéo. Dans le Brésil, pays qui nous en fournit le plus actuellement, on se les procure par le lavage des sables; l'eau entraîne avec elle les particules terreuses plus légères, et ce qui reste est étendu sur une aire bien unie, où l'on cherche les diamants avec les soins les plus minutieux ; il est, en effet, souvent bien difficile de les distinguer, car ils sont alors enveloppés d'une matière grossière et brunâtre, que l'on nomme la *gangue du diamant.* On les classe ensuite d'après leur grosseur, puis on les taille, opération qui en augmente considérablement le prix et l'éclat, et qui consiste à user la gemme par le frottement, en la pressant fortement contre une plate-forme en acier, saupoudrée de poussière de diamant, et qui tourne sur elle-même avec une grande rapidité.

Les diamants n'atteignent pour l'ordinaire qu'une faible grosseur. On en apprécie le poids au *carat*, qui équivaut à 212 milligrammes. Un diamant taillé de ce poids-là est déjà très-beau et vaut plusieurs centaines de francs ; mais à mesure que le poids augmente, le prix triple, quintuple, etc., de sorte que pour ceux de plus de 100 carats, la valeur ne s'apprécie que par millions.

Les plus célèbres de ces pierres précieuses sont : le *diamant du rajah de Matan*, dans l'île de Bornéo, pesant brut 367 carats ; le *Koh-i-Noor* (montagne de lumière), qui, après avoir appartenu au Grand Mogol, a été offert par la Compagnie des Indes orientales à la reine d'Angleterre ; le *diamant de la couronne de Russie*, gros comme un œuf de pigeon et pesant 193 carats, lequel, après avoir orné la tiare du grand prince persan

Nadir-Schah, fut vendu à l'impératrice Catherine II, pour le prix de 1,750,000 francs; le *diamant de la couronne d'Autriche,* à la teinte jaunâtre; *celui de la couronne d'Espagne,* etc.

Mais, sans contredit, le plus remarquable par sa forme, son éclat, sa pureté et la limpidité parfaite de son eau, c'est *le Régent,* qui, dans la rotonde des Panoramas, brillait au sommet de la couronne de l'empereur, au centre de l'exposition des bijoux appartenant à la France. Pitt, un Anglais, longtemps employé aux mines du Grand Mogol, ayant trouvé moyen d'avaler ce joyau et de parvenir à s'embarquer sans avoir subi les investigations minutieuses des agents du prince hindou, apporta ce beau diamant en Europe, et, sur le refus du roi d'Angleterre, le présenta et le vendit pour la somme de 2 millions de francs au duc d'Orléans, qui gouvernait alors la France en qualité de régent du jeune Louis XV (d'où est venu le surnom de

Régent donné à ce bijoux fameux). Le Régent est de la grosseur d'une prune *reine-Claude*, d'une forme presque ronde, parfaitement blanc, exempt de toute tache et impureté, d'une limpidité admirable. De 416 carats qu'il pesait primitivement (87 grammes), il a été réduit par la taille à 136 carats, et il est évalué à environ 5 millions de francs dans l'inventaire des diamants de la couronne.

Quant à l'*Etoile du Sud*, cet autre bijou de 5 millions, dont nous parlions en commençant, il est de forme conique et gros comme la moitié d'une noix. M. Halphen, un riche bijoutier, l'a reçu en 1853 du Brésil, où il a été trouvé par une pauvre vieille négresse travaillant aux mines, et à laquelle cette trouvaille a valu sa liberté. Réduit par la taille, de 254 à 125 carats, et offrant une grande beauté (bien qu'il renferme intérieurement une particule ferrugineuse), ce joyau n'a pas trouvé d'acheteur au prix élevé qu'en exige son propriétaire.

L'Exposition de 1855 présentait aux amateurs un nombre infini de diamants. L'Angleterre surtout avait déployé en ce genre un luxe inouï. Tel bracelet, exposé par MM. Stoor et Mortimer, était estimé 800,000 fr. Une ceinture en diamants, au centre de laquelle brillait le célèbre *diamant bleu* de M. Hope, était évaluée 750,000 francs.

Cependant, de tous les joyaux exposés, ceux qui attiraient constamment le plus la curiosité de la multitude, c'étaient les *diamants de la couronne* de France, en partie disposés de manière à former deux couronnes impériales, l'une pour l'empereur, l'autre pour l'impératrice. Les pierres précieuses de l'Etat sont, d'après le dernier inventaire, au nombre de 64,812, ayant une valeur de 21 millions environ. Le plus riche de tous ces joyaux est une couronne sur laquelle on compte 5,206 diamants taillés en brillants, 146 taillés en roses et 59 saphirs (une pierre précieuse d'un beau bleu); cette couronne vaut de 14 à 15 millions. Après cela on peut citer une parure de femme, du prix de 1,668,000 francs ; une épée couverte de plus de 1,000 brillants et valant 241,000 francs ; un bouton de chapeau entouré de brillants et valant même somme, etc.

Les anciens connaissaient déjà le diamant, bien qu'ils ne sussent pas le tailler comme nous ; plusieurs passages de la Bible font allusion à sa dureté et à son magnifique éclat, et Job le nomme avec raison parmi les objets les plus précieux que l'homme puisse s'acquérir par son travail, et qui cependant ne valent pas *la sagesse*. Et en effet, que servirait-il à un homme, comme le remarque Jésus-Christ, de gagner le monde entier, de posséder les diamants et les joyaux les plus magnifiques, s'il vient à faire la perte de son âme, s'il n'est point sage aux yeux de Dieu ? Car, ajoute-t-il, encore que les richesses abondent à quelqu'un il n'a pas la vie par ces biens. Sachons donc modérer nos désirs, ne pas mettre notre bonheur dans ce qui brille, et nous attacher avant tout aux seuls biens durables et permanents.

II.

Les pierres précieuses à l'Exposition.

Les diamants, comme chacun le sait,
ne sont pas les seules pierres précieuses
que les hommes aiment et recherchent
dès les temps les plus anciens. Quoique
placées toutes à un rang inférieur, quelques-unes luttent cependant de bien près
avec le diamant pour la beauté, l'éclat,
la dureté; quelques-unes même sont presque aussi rares et aussi chères que lui.
Aussi, de même que les diamants, ont-
elles brillé d'un vif éclat parmi les produits les plus riches et les plus précieux
de l'Exposition.

Les *corindons* sont une famille de pierres précieuses qui viennent immédiatement après le diamant, et qui se composent toutes d'*alumine* (substance fondamentale de l'*argile*) cristallisée, pure, mais colorée cependant presque toujours par une très-faible quantité d'*oxydes* étrangers : le *saphir* et le *rubis* sont les principales gemmes de cette famille.

Le *saphir*, le corps le plus dur après le diamant et le rubis, présente une couleur bleue superbe ; les plus beaux viennent des Indes orientales ; quelques-uns (bien inférieurs, il est vrai), de l'Europe méridionale. L'Inde anglaise avait exposé dans ses vitrines de fort beaux saphirs d'une teinte bleue magnifique, les uns taillés, les autres bruts, tels qu'on les trouve roulés dans les ruisseaux de ce pays ; ceux exposés par les orfèvres anglais de Londres étaient remarquables aussi par leur grosseur et leur beauté.

Le *rubis*, de couleur rouge, paraît briller comme un charbon ardent quand on l'expose à la lumière ; quelquefois il est plus cher que le diamant lui-même, avec lequel il rivalise de dureté. Les rubis, d'un rouge plus ou moins vif, garnissaient les trous destinés à recevoir les pivots en acier et les rouages d'une infinité de montres exposées ; on emploie aussi parfois le diamant à cet usage.

L'*émeraude* est une des plus belles pierres précieuses. L'Exposition nous en a montré un grand nombre de fort grosses ; un des plus célèbres bijoutiers de Londres en avait exposé, non loin du fameux *diamant bleu*, un vrai bloc cristallisé, superbe, et d'une couleur verte magnifique ; son prix était des plus considérables. C'était une des pierres précieuses que l'on rencontrait le plus ordinairement dans les vitrines des joailliers, et au centre de la galerie circulaire du Panorama ; un grand nombre de parures appartenant à la couronne ne se composaient que d'émeraudes taillées et disposées avec le plus grand soin. — La couleur de l'émeraude est jaunâtre, bleuâtre, mais le plus souvent vert foncé ; la variété vert foncé s'appelle *émeraude noble ;* celle qui a une teinte vert jaunâtre est un *béril*, et l'émeraude bleuâtre est désignée sous le nom d'*aigue-marine* (sa teinte rappelle la couleur bleu verdâtre de la pleine mer). L'émeraude se trouve ordinairement en cristaux isolés au milieu d'une espèce de granit appelée *pegmatite ;* l'émeraude noble vient du Pérou, du Brésil, de la Nouvelle-Grenade ; ce dernier pays avait exposé plusieurs échantillons d'émeraudes encore implantées dans la roche d'où on les extrait, et leur couleur verte, tranchant sur le fond noir de la pegmatite, faisait le plus bel effet. — Quant aux *bérils* et aux *aigues-marines*, qui sont moins recherchés, on les trouve presque tous dans la Sibérie et au Brésil, souvent en très-gros cristaux ; on en voyait quelques jolis échantillons à l'Exposition.

La *topaze* est une autre gemme, vitreuse, brillante, le plus fréquemment d'un beau jaune d'or ; quelquefois incolore, ou présentant une teinte, soit rosée, soit bleuâtre. Elle se trouve dans les terrains les plus anciens, en Bohême, en Saxe, en Sibérie, dans l'Oural, les monts Altaï, le Kamtchatka. Au Brésil, d'où on les envoie en Europe toutes taillées, on les trouve roulées dans les ruisseaux et les torrents qui baignent les roches anciennes. L'Exposition en présentait un assez bon nombre ; quelques-unes atteignant de fort grandes dimensions.

La nombreuse famille des *grenats* se compose de pierres plus ou moins grosses, depuis la dimension la plus faible jusqu'à celle d'une noix ordinaire. Les grenats se trouvent en petits cristaux ou en masse compacte dans les terrains anciens, les schistes, les serpentines. Ils sont pour la plupart d'un rouge vif et vermeil ; quelquefois ils présentent des teintes rouge sang, orangées, jaunâtres.

verdâtres, même brun foncé, presque
noir. Les grenats viennent les uns de
l'Orient, les autres de l'Europe. — Ceux
d'*Orient* viennent de l'Inde, de Ceylan,
de la Syrie. Ils se distinguent en *hyacin-
the,* de couleur jaune orangée ; en gre-
nat *syrian* ou *syrien,* qui est violet : on
les travaille principalement dans les vallées suisses du Jura. — Ceux d'*Europe*
sont moins recherchés ; ils se tirent de
Bohême, d'Espagne, du Tyrol et de la
Hongrie. Chacun a pu admirer à l'Exposition les grenats envoyés par la *Bohême,*
les uns bruts, les autres taillés et servant
à décorer une foule d'objets ; leur couleur
était un rouge vineux foncé, et pour leur
donner plus d'éclat on avait eu soin dans
les parures de placer au-dessous une
feuille d'argent.

L'opale est encore une pierre précieuse
des plus estimées, à cause de sa teinte
blanche laiteuse et bleuâtre, présentant
les reflets irisés les plus remarquables ;
c'est de la *silice* pure et de l'eau. Les opa-

les viennent des terrains anciens de la Hongrie, de la Saxe, des îles Féroé, de l'Islande. *L'opale noble* ou *orientale*, venant de l'Inde, de l'Arabie, de l'île de Chypre et de la Hongrie, offre des reflets irisés superbes, colorés en rouge, en vert ou en bleu. Les joyaux de la couronne comptaient plusieurs parures en opales d'une fort grande beauté ; une de ces opales, servant d'agrafe de manteau, vaut à elle seule 37,000 francs. Des joailliers de France et de Hollande avaient aussi exposé des parures où l'on remarquait plusieurs opales fort belles.

La *turquoise* est une pierre précieuse très-estimée, d'un beau bleu céleste, vitreuse, opaque ; on la trouve en rognons ou en petites veines dans les argiles ferrugineuses de la contrée située entre Téhéran et Hérat, en Perse ; il faut cependant ne pas confondre cette pierre précieuse, que l'on appelle *turquoise de vieille roche* ou *calaïte*, avec la *turquoise de nouvelle roche*, dents ou os de mammifères fossiles colorés chimiquement au sein de la terre : cette dernière espèce est sensiblement moins dure et moins chère que la vraie turquoise. On emploie maintenant beaucoup de turquoises en bijouterie ; toutes les parures de ce genre appartenant à la couronne ont été fort admirées à l'Exposition.

L'améthyste ou *pierre d'évêque* n'est qu'un *quartz* (*silice* pure) coloré en violet ; elle brille d'un éclat très-vif, et est un des ornements principaux des évêques (chacun d'eux doit en effet porter une bague ornée d'une de ces gemmes). Les plus belles viennent de la Perse, de l'Inde, de la Sibérie, du Brésil, des Asturies (Espagne), des environs de Vienne, de Saxe, d'Ecosse. Les lapidaires allemands et saxons, surtout ceux des trois villes *anséatiques* (*Hambourg*, *Brême* et *Lubeck*), avaient exposé plusieurs belles *géodes* (pierres naturellement creuses et renfermant des cristaux), incrustées intérieurement d'améthystes ; les habits sacerdotaux de Bruxelles étaient aussi décorés pour la plupart d'un grand nombre d'améthystes entremêlées aux ornements en or.

Le *lapis-lazuli* ou *lazulite* est un minéral bleu foncé, dont la couleur est très-vive et très-belle; ordinairement le fond bleu de cette pierre est parsemé de paillettes, de taches ou de petites veines irrégulières de *fer sulfuré* d'une belle couleur jaune d'or. Le lapis-lazuli se polit parfaitement bien; aussi s'emploie-t-il principalement en plaques minces dans les coffrets et autres objets de luxe, dans les broches et les bijoux, dans les mosaïques; il sert à faire également le beau *bleu d'outremer*, qui valait autrefois 3,000 francs le kilogramme, et qui actuellement est remplacé presque complètement par le *bleu de cobalt.* Cette pierre, devenue rare maintenant, se trouve en blocs dans la petite Bouckharie, le Thibet, la Perse, la Chine, et aussi aux environs du lac Baïkal. Le lapis-lazuli a été une substance fort employée pour les objets riches de l'Exposition ; les bijoux de **M. Rudolphi**, en lapis-lazuli monté sur or, ont beaucoup attiré l'attention ; plusieurs pianos de prix présentaient des incrustations de cette substance, et les magnifiques mosaïques de Rome en offraient de fort beaux échantillons.

La *malachite* ou *vert de montagne*, est un *cuivre carbonaté* de couleur verte, ordinairement en masses mamelonnées, fibreuses intérieurement ; on le taille et on le polit facilement, et dans cet état il présente des rayons, des zones sinueuses ou circulaires, des nuances très-variées d'un vert plus ou moins foncé. Cette substance, fort chère, est infiniment recherchée par les joailliers ; on la trouve en gros morceaux dans les mines du prince russe *Démidoff*, en Sibérie, et dans les monts Ourals. Comme le lapis-lazuli, on la voyait à l'Exposition incrustée dans des pianos, dans des broches et autres bijoux, sous forme de camées, et au milieu des mosaïques, où elle faisait un très-bel effet. A l'exposition de Londres, en 1851, la Russie avait exposé des guéridons, des cheminées, des vases, une porte à double battant et autres objets de grande dimension, tout en malachite des monts Ourals.

Nous ne vous entretiendrons pas du *jade*, des *agates*, et de diverses autres pierres, précieuses à divers égards, mais qui ne figurent pas au même rang que les précédentes comme matériaux d'un haut prix et servant de parures. Ce que nous venons de dire suffit pour vous faire comprendre avec quelle variété et quel éclat la joaillerie s'est montrée à l'Exposition, et quelle étude intéressante on pouvait faire de quelques-unes des plus merveilleuses productions de Dieu, au milieu même des vaniteuses destinations que les hommes leur ont données.

III.

Les lingots d'or de l'Australie.

L'Australie, cette nouvelle mais déjà puissante colonie anglaise, qui, bientôt sans doute, parvenue à une complète indépendance, deviendra le centre d'un monde nouveau d'Européens placés à nos antipodes, offrait aux regards une des expositions les plus originales qu'on pût rencontrer au Palais de l'Industrie. Sans parler de ses animaux étranges : l'oiseau à queue en forme de lyre, le kanguroo, l'ornithorynque, les dasyures, etc., on y remarquait avec intérêt une collection complète des magnifiques *laines mérinos*, qui sont la base principale de sa richesse actuelle; une autre, de ses *bois de construction et d'ébénisterie*, la plupart encore inconnus en Europe, mais fort beaux et de dimensions si gigantesques, qu'on cite un *eucalyptus* qui n'aurait pas moins de 250 pieds de hauteur avec un tronc qui en compte au moins 30 de diamètre; enfin, une collection complète de produits alimentaires et de vins des meilleurs crus d'Europe, transplantés et introduits avec un succès complet dans ce nouveau continent.

Mais la partie de l'exposition australienne qui attirait le plus les regards et les investigations de la foule, c'était la collection de lingots ou plutôt de minerais d'or mélangés de quartz, dont un, long de 3/4 de pied environ, et provenant des mines de Ballarat, était estimé valoir 36,250 francs. Certaines parties semblaient de l'or absolument pur et du plus beau jaune; d'autres avaient l'aspect d'une pierre jaunâtre. Du reste, la for-

me de tous ces lingots variait très-sensi-
blement.

Généralement, les dépôts d'or les plus
riches se trouvent dans les petites veines
d'une argile bleue où le minerai est en
apparence entièrement pur, et où il gît
empâté par morceaux roulés ou rongés,
du poids d'un quart d'once jusqu'à 2 ou
3 onces. Quelquefois il est enchâssé dans
des cailloux ronds de quartz, substance
qui paraît, ici comme en Californie, avoir
été sa *gangue*, c'est-à-dire son enveloppe
primitive. Les fragments qu'on en tire
pèsent quelquefois de 7 à 8 onces et plus,
valant de 7 à 800 francs.

On raconte des choses tout-à-fait étranges au sujet de la découverte de ces mines d'or. Ainsi on rapporte qu'un sauvage
australien qui était au service d'un Anglais, voyant son maître serrer avec un
soin particulier des pièces d'or, lui promit de lui apporter un gros morceau de
pareille matière, en échange de quelques
petits objets de toilette qu'il désirait fort,

et lui apporta, en effet, un bloc d'or et de quartz valant plus de 100,000 francs. Un autre indigène noir indiqua aussi à son maître, le docteur Kerr, un énorme bloc de quartz d'environ 3 quintaux, que le docteur se décida à briser pour en tirer une quantité de lingots d'or pur, formant un total de 47 kilogrammes, valant 160,000 francs. Ajoutons que du moins le docteur Kerr ne fut pas ingrat envers l'Australien. Il lui fit don, ainsi qu'à son frère, de deux troupeaux de moutons, de deux chevaux de selle et d'une certaine quantité de rations de vivres. Il y joignit encore un attelage de bœufs pour défricher une portion de terrain, sur laquelle il les engagea à semer du maïs et des pommes de terre.

Dans les mines du *mont Ophir*, à l'ouest de Sidney et des montagnes Bleues, parmi les sables entraînés par les torrents qui descendent des montagnes, la production de l'or était d'abord presque aussi régulière que celle du froment dans un champ ensemencé. On recueillait les sables, on les lavait en les agitant fortement dans l'eau ; les pépites ou morceaux d'or, beaucoup plus pesants que le sable, gagnaient le fond du vase, où on les trouvait réunis après avoir versé le sable et l'eau. Trois hommes en trois jours y recueillirent jusqu'à 10 livres d'or ! (12,789 fr.)

Dans la province de Victoria, à 30 lieues de la ville de Melbourne et de Port-Philippe, on a aussi trouvé des quantités considérables d'or à la surface du sol dans le district du *mont Alexandre*. Il y a des exemples de 50 livres ramassées en quelques heures de travail. Ailleurs, quatre colons, venus en amateurs, ramassèrent 150 livres (187,000 francs) entre le déjeûner et le dîner. Maintenant le travail des mines est beaucoup plus difficile, et ce n'est qu'en creusant à d'assez grandes profondeurs qu'on peut recueillir de la poudre d'or.

A la première nouvelle de découvertes aussi extraordinaires, tout le monde à

Sidney accourut aux mines. Les constructions furent toutes interrompues, les troupeaux de mérinos abandonnés à la dent des chiens sauvages de l'Australie; les cloches se turent faute de sonneurs. Magistrats, négociants, journalistes, ouvriers, cochers, garçons de ferme, bergers, voleurs, se trouvaient côte à côte et travaillaient ensemble; tous les rangs étaient confondus, tout était subordonné à cette insatiable soif ·de l'or, jusqu'à ce que bientôt les maladies, la faim , le découragement ramenèrent la plupart de ces malheureux, amaigris et détrompés, à leurs anciens travaux.

Plus grande encore fut la fièvre qui s'empara des habitants de Melbourne, de Geelong et du voisinage, lorsqu'on apprit les riches découvertes faites au mont Alexandre. Chacun abandonnait femme et enfants; les écoles se fermèrent faute de maîtres; les vaisseaux en rade furent abandonnés par leurs équipages, marins et officiers; le gouverneur de la province était obligé de panser lui-même son cheval ; enfin les femmes, demeurées absolument seules, durent s'entendre et se grouper pour la défense des maisons.

Cette découverte des mines d'or a donc été pour les colonies naissantes de l'Australie une crise redoutable. Peu à peu la population s'est calmée ; la plupart des gens ont repris leurs précédentes occupations, après avoir appris à leurs dépens qu'elles valaient infiniment mieux que les gains tout-à-fait hasardeux et passagers des mines. Mais en attirant dans le pays une foule d'aventuriers corrompus et de mœurs violentes, de Chinois avides et idolâtres, les mines d'or ont introduit, dans une société déjà assez mauvaise, des éléments extrêmement funestes, et dont la fâcheuse influence n'a pas tardé à se faire sentir. Il est juste de dire que du moins les chrétiens de la Grande-Bretagne se sont imposé la tâche de combattre le mal par le moyen de l'instruction et de la prédication de l'Evangile, en sorte

que les Chinois eux-mêmes commencent
à être les objets de soins assidus et dont
on peut espérer de bons effets. Néanmoins,
il est bien à craindre que la soif des richesses et des jouissances matérielles,
déchaînée sur cette société naissante par
la découverte de ces divers gisements
d'or, ne cause à la civilisation australienne un mal peut-être irréparable. Les
peuples les plus prospères et les plus
heureux ne sont pas ceux qui se procurent le plus facilement de l'or et de l'argent, mais ceux qui par leur moralité,
par un travail actif et par une intelligente
industrie, savent mettre en œuvre et
utiliser toutes les matières diverses que
la bonté de Dieu a créées pour le bien de
l'homme. Jamais l'Espagne ne fut aussi
pauvre que depuis qu'elle fut mise en
possession des riches mines du Pérou et
du Mexique. Les Etats-Unis trouvent
dans leur houille, leur fer, leur cuivre et
surtout dans leur active industrie, des
sources de prospérité mille fois plus gran-

des que l'Amérique du Sud dans ses fi-
lons de métaux précieux, qui encoura-
gent la paresse et paralysent tout autre
genre d'activité ; et quant à notre Europe, on peut dire que la supériorité
qu'elle a acquise sur le globe, est due en
bonne partie à la nécessité de compenser
par le travail et l'exploitation intelligente
des métaux utiles l'absence des riches
gisements d'or ou d'argent accordés à d'autres continents.

IV.

Les pierres tombées du ciel.

L'Exposition ne présentait pas seulement des produits de l'industrie et des arts, on y avait aussi introduit un certain nombre de curiosités naturelles, qui attiraient vivement l'attention des visiteurs. Nous y avons, par exemple, remarqué deux gros *aérolithes* (ou *météorites* ou *bolides*), c'est-à-dire deux pierres réellement tombées du ciel, et qui m'ont rappelé l'un des phénomènes les plus étranges dont notre terre puisse être le théâtre. L'une de ces pierres, tombée dans le Canada en octobre 1854, ne pèse pas moins de 161 kilogrammes ; c'est un bloc énorme qui ne semble composé que de fer, mais qui contient cependant aussi un autre métal rare appelé *nickel*. L'autre, tombée le 5 juin 1821, près de Privas (Ardèche), et exposée par le Muséum d'histoire naturelle, pèse 92 kilogrammes.

Que sont ces pierres et quelle en peut être l'origine ? Là-dessus les savants sont encore partagés ; mais on a du moins étudié avec soin les phénomènes au milieu desquels ces chutes de pierres se produisent. Des faits de cette nature sont connus des hommes de tous les pays dès la plus haute antiquité. L'histoire parle d'une pluie de pierres qui, lors de la conquête du pays de Canaan par Josué, détruisit en partie l'armée ennemie, d'une autre qui tomba près de Rome, sous le règne de Tullus Hostilius, etc. Plutarque, dans la Vie de Lysandre, décrit une pierre qui tomba dans l'Hellespont, à Ægos Potamos. Cybèle était adorée en Galatie sous la forme d'une pierre venue du ciel ; à

Emèse, en Syrie, le soleil était aussi adoré sous la figure d'une pierre de semblable origine : elles furent plus tard transportées à Rome en grande pompe. Dans le moyen-âge, des faits de ce genre furent aussi bien souvent observés. Néanmoins, jusqu'au commencement de notre siècle, les savants refusaient de croire à l'existence d'un phénomène qu'ils ne pouvaient expliquer, lorsque, le 26 avril 1803, une pluie de pierres vint à tomber, précisément en plein jour, sur la petite ville de Laigle, en Normandie. L'autorité locale dressa procès-verbal de l'évènement; il n'y avait point à nier son authenticité; l'Institut de France nomma un commissaire qui se rendit aussitôt sur les lieux, ramassa lui-même un grand nombre de pierres plus ou moins enfoncées dans la terre, toutes semblables les unes aux autres par leur composition, et faciles à distinguer des pierres ordinaires. Il constata aussi les dégâts causés par la chute de ces pierres. Son rapport ne laissa donc plus subsister aucun doute. Les souvenirs des observations de ce genre faites dans les temps antérieurs furent recueillis avec soin, et actuellement le nombre des aérolithes connus est de trois cent trente-neuf.

La chute des pierres est accompagnée de météores lumineux. Durant la nuit, le météore traverse l'air, comme une masse enflammée, en laissant derrière lui une traînée lumineuse semblable à la queue d'une comète. Durant le jour, son éclat paraît naturellement bien moindre. Après avoir couru un certain temps avec vitesse, il éclate ordinairement à plusieurs reprises, avec grand bruit, et, à la suite de cette explosion, les masses pierreuses commencent à tomber. Tantôt on en trouve une seule, tantôt un grand nombre. A Laigle, on en ramassa plus de deux mille sur un espace de deux lieues et demie, au-dessus duquel le météore avait passé avec des détonations semblables à celles de l'artillerie. Les pierres météori ques arrivent brûlantes à la surface de la terre, et dégagent souvent des vapeurs sulfureuses au moment de leur chute. Leur forme est irrégulière et pleine d'aspérités. Elles sont noires à l'extérieur, mais leur cassure est d'une couleur grisâtre, d'un aspect terreux. Elles renferment une portion de fer très-considérable, toujours allié à du nickel; on y trouve aussi fréquemment du soufre. Aucune des pierres qui appartiennent en propre à notre globe ne ressemble, pour sa composition, aux aérolithes, et, d'un autre côté, ceux-ci, quels que soient l'époque et le pays où ils sont tombés, présentent constamment entre eux un rapport si frappant qu'on pourrait presque les regarder comme ayant tous été cassés au même rocher.

Le poids de ces pierres varie de quelques grammes jusqu'à plusieurs centaines de kilogrammes. La grande masse de fer observée par le voyageur Pallas dans les plaines de la Sibérie, et qui était tenue en vénération par les Tartares, comme tombée autrefois du ciel, pesait 1,400 livres ; elle était presque entièrement composée de fer malléable, et contenait dans l'intérieur un peu d'*olivine*, substance vitreuse de couleur verdâtre et actuellement d'origine volcanique. Au Brésil, une masse de fer mélangé de nickel ne pèse pas moins de 6,000 kilogrammes. On ne possède cependant qu'un seul aérolithe d'une origine céleste bien constatée et qui ne contienne que du fer : il tomba à Agram, en Dalmatie, le 26 mai 1751.

D'où viennent toutes ces masses ? comment s'en expliquer l'origine ? Un grand mathématicien et savant de premier ordre, Laplace, les supposait lancées jusqu'à nous par les *volcans de la lune* ; cette explication a été peu goûtée. D'autres pensent, et c'est l'opinion la plus généralement admise aujourd'hui, que les pierres météoriques sont des fragments, des débris de petites planètes, qui, circulant irrégulièrement dans l'espace, et se laissant engager dans la *sphère d'attraction* de notre globe, sont entraînés vers lui et y tombent. Dans ce mode d'explication, on rattacherait au phénomène des aérolithes celui des *étoiles filantes*, météores lumineux qui se produisent fréquemment et avec une si énorme rapidité dans les parties supérieures de l'atmosphère. Ce sont, pense-t-on, des aérolithes qui, dans leur course, entrent un instant dans l'atmosphère attractive qui entoure notre globe, et s'en dégagent bientôt; ils s'enflamment par le frottement de l'air, et s'éteignent dès qu'ils sortent de nos régions atmosphériques. Peut-être, trouverez-vous, comme moi, mes chers amis, qu'au milieu de tant d'incertitudes et de difficultés, le plus sage serait de savoir dire simplement : *Nous ne savons pas.* Mais, hélas ! il est rare que l'orgueil laisse dire cela, non pas seulement aux grands savants, mais aussi et surtout à ceux à qui, de toute manière, il conviendrait infiniment mieux d'être plus modestes.

V.

Une statue de saint Jean-Baptiste

La grande salle du Palais de l'Industrie renfermait un nombre considérable de statues en bronze, en zinc doré ou bronzé, et en fer fondu, toutes remarquables, à des titres divers, surtout par l'habileté de l'exécution ; mais aucune n'a autant captivé mon intérêt qu'une statue de saint Jean-Baptiste en fer fondu, l'une des plus belles pièces qui soient sorties des ateliers de la maison Calla, à laquelle on doit, pour ainsi dire, la création en France de ce genre assez nouveau de la fonte en fer de grands objets d'art. C'est qu'une histoire des plus touchantes (racontée par M. Audiganne dans le *Moniteur*), se rattachait dans mes souvenirs à la vue de cette figure, et m'y intéressait involontairement.

Cette statue est due à un sentiment de tendresse maternelle. Elle était destinée à conserver la mémoire d'un fils unique, mort déplorablement. Ce jeune homme, que rongeait un chagrin profond, avait été pour ainsi dire contraint par sa famille, d'entreprendre un voyage en Italie, dans l'espoir que les grands spectacles de la nature et des arts distrairaient son imagination troublée. Mais tout-à-coup, vaincu par la douleur, la tête déjà bouleversée, il interrompit son voyage et s'arrêta dans une bourgade des montagnes du Forez sous prétexte de s'y reposer.

Le voyageur inconnu, dont l'arrivée était un évènement dans un village où les étrangers ne s'arrêtent pas d'habitude, fut retrouvé le lendemain matin au coin d'un champ de b'é baigné dans son sang. Après une nuit tourmentée, pendant laquelle on l'avait entendu marcher et parler avec une extrême agitation, il était sorti dès l'aube du jour, le cerveau en délire, avec un pistolet dans sa poche. On devine le reste. Quand on le releva, il respirait encore. Fidèles à leurs traditions hospitalières, les habitants de ces montagnes, dont les âmes simples, résignées et fortes, auraient eu peine auparavant à croire à la possibilité d'un suicide, recueillirent le mourant et l'entourèrent de soins vigilants mais inutiles. Accourue pour recevoir son dernier soupir, la mère de cet infortuné promit de faire bâtir sur la place du village une fontaine surmontée de la statue de saint Jean-Baptiste, patron de son fils. La statue fut exécutée; c'est celle que nous avons vue; mais, hélas! la mère a déjà rejoint son fils dans la tombe, emportant une promesse qui n'était écrite que dans son âme, et la fontaine ne sera pas construite.

Le fer, ce métal dont les propriétés sont si précieuses et les usages si nombreux, ne se rencontre nulle part, pour ainsi dire, à l'état de pureté dans la nature, et les préparations qu'il doit subir avant d'entrer dans le commerce, sont extrêmement diverses et compliquées. D'abord, il faut concasser ou broyer le minerai, le laver, afin de le séparer des schistes qui peuvent s'y trouver mêlés; puis le griller, afin de faire partir l'arsenic et le soufre qu'il pourrait contenir. Après cela il s'agit de fondre le minerai, ce qui peut se faire d'après deux méthodes. L'une, plus ancienne, connue sous le nom de *méthode catalane*, et qui ne s'applique qu'aux minerais très-riches, consiste à mélanger le minerai avec du charbon de bois, dans un fourneau où le charbon est brûlé à l'aide d'un courant d'air forcé, en laissant pour résultat une masse qui, soumise à l'action du marteau, donne du fer d'excellente qualité.

L'autre méthode consiste dans l'emploi

des *hauts-fourneaux*, qui procurent une chaleur beaucoup plus intense, et dans l'usage des *fondants* (argile ou craie), pour faciliter la fusion. Le minerai et les fondants sont placés en couches alternatives avec du charbon de bois, du coke, ou même de la houille. Une combustion active du charbon est entretenue au moyen d'un violent courant d'air lancé à la partie inférieure du fourneau par de puissants soufflets, et le résultat de l'opération est de faire couler dans le creuset placé au bas du fourneau, un métal qui n'est pas du fer, comme dans la méthode catalane, mais une combinaison de fer et de charbon qu'on appelle *la fonte*. C'est de ce métal qu'on tire ensuite le fer proprement dit, en le chauffant de nouveau afin de le débarrasser du charbon qui s'y trouve encore mêlé.

La *fonte* joue dans l'industrie un rôle considérable, tout-à-fait différent de celui du fer. Moins résistante que lui, point malléable, mais se fondant beaucoup plus facilement, elle se prête, par cette fusibilité même, à toute espèce de moulages, et c'est par là, surtout, qu'elle rend de grands services depuis un certain nombre d'années. Quand le creuset qui est à la partie inférieure du haut-fourneau, est complètement plein et qu'on le débouche, la fonte, qui coule au-dehors, est dirigée vers des moules en sable, autour desquels elle se dépose, se coagule en durcissant, et donne d'un seul jet tantôt des marmites, des boulets et des bombes, tantôt des pièces de très-grandes dimensions, telles que des statues, des bassins de fontaine, et bien d'autres pièces monumentales dans le genre de celles qu'on voyait en si grand nombre à l'Exposition. De nos jours, le commerce de la fonte moulée tend à prendre un développement de plus en plus considérable ; car on substitue toujours davantage le fer au bois, dans les constructions et dans une foule d'autres usages de l'agriculture et de l'industrie. On construit des maisons en **fer**, des ponts en fer, des vaisseaux en fer, des chemins en fer, sans parler des innombrab¹es machines et outils pour lesquels on utilise de plus en plus ce précieux métal, mille fois plus avantageux à l'homme que l'or, l'argent et les plus ravissantes pierres précieuses.

VI.

Un canif à deux cents lames.

Au nombre des produits remarquables du Wurtemberg, ce petit royaume allemand dont l'exposition semblait un des types les plus complets qui figurassent au Palais de l'Industrie, se trouvait un canif à deux cents lames, devant lequel chacun s'arrêtait avec étonnement. On se demandait à quoi pouvait servir réellement une pareille accumulation d'instruments tranchants de cette nature, dont nous n'avons pour ainsi dire plus besoin depuis l'invention des plumes métalliques, et force était bien de supposer que le fabricant avait plutôt voulu faire un tour de force qu'un objet vraiment utile et susceptible de trouver des acheteurs. La vue de ce canif nous donna du moins le désir de nous enquérir des procédés et des produits principaux de la coutellerie, et voici en résumé ce que nous apprîmes sur ce sujet.

La fabrication des lames de couteaux, canifs, rasoirs, ciseaux, etc., se compose de cinq opérations successives, dont voici les principales : le *forgeage*, qui se fait presque toujours à la main, en étirant les barres d'acier sur des enclumes spéciales ; le *limage*, qui a pour objet de dégrossir les pièces à la lime, après qu'on les a préalablement recuites, afin d'adoucir l'acier ; la *trempe*, qui consiste à les plonger dans l'eau pure ou dans un bain composé d'huile et de suif, après avoir auparavant élevé leur température au rouge-cerise ; elles subissent encore après cela un recuit qui les amène au degré de dureté qu'on veut obtenir ; l'*émoulage*, qui se fait au moyen de meules en grès tournant avec une grande vitesse, et qui donne aux lames leur forme définitive; enfin, *l'aiguisage* et le *polissage* qui s'opèrent au moyen de *lapidaires*, instruments ordinairement recouverts d'une peau enduite d'un mélange de corps gras et de poudres dures, et sur lesquels les lames sont frottées avec soin.

Il reste ensuite à faire les manches, pour lesquels le coutelier emploie la corne de bœuf, de mouton, de bouc, d'élan et de cerf; l'ébène, le bois de rose, le buis, l'olivier, la baleine, l'écaille, la nacre, l'os, etc. La coutellerie anglaise de Sheffield et de Birmingham est renommée entre toutes; celle de Liége, de Namur et de Bruxelles a aussi divers genres de mérite, de même que celle d'Allemagne; celle de France se concentre dans un certain nombre de groupes principaux.

La fabrique de *Nogent* (Haute-Marne), centre de la coutellerie dite de Langres, fait de tous les articles et est incontestablement la première de France pour l'élégance des formes, le fini du travail et la modicité des prix. Elle rivalise avec celle de Sheffield pour la bonté de la trempe, et l'emporte pour la variété des modèles et la grâce des formes. Couteaux de bouchers, de cuisine, de table, serpettes, canifs, rasoirs, ciseaux, instruments de chirurgie, Nogent a de tout et dans le meilleur goût. — *Thiers* (Puy-de-Dôme) ne fait que de la coutellerie commune de toutes formes et à bon marché; ses montures sont en ivoire, en nacre, en os, en corne, et on les regarde comme les meilleures en raison de leur prix. Ses rasoirs, de qualité passable, sont à plus bas prix que partout ailleurs. — *Châtelleraut* (Vienne) est une fabrique moins importante que les deux précédentes; les couteaux de cuisine et de table sont ses principaux articles. — La *coutellerie parisienne* s'occupe particulièrement de la fabrication des objets de commande et de luxe. Elle fabrique peu mais bien, et tire généralement ses lames des grandes manufactures ; mais elle les monte avec habileté, avec goût et l'emporte en élégance sur toutes les fabriques. Quelques-uns de ses couteaux de dessert en argent, en vermeil, en émail, sont de véritables morceaux d'art. Ses instruments de chirurgie, surtout ceux de M. Charrière, ont une réputation universelle, et rendent d'éminents services pour le soulagement de l'humanité souffrante.

VII.

Les porcelaines.

Les porcelaines formaient incontestablement l'une des parties les plus brillantes de l'Exposition de 1855. Celles de
la manufacture impériale de Sèvres principalement, étaient d'une magnificence,
d'une dimension et d'un fini de nature à
enlever tous les suffrages, aussi bien des
étrangers que des nationaux. Figurez-
vous, en effet, des vases à peu près de
la hauteur d'un homme, aux formes élan-
cées et élégantes, tout couverts d'ornements délicatement sculptés et de peintures d'une finesse et d'une richesse de

couleurs admirables, et coûtant, quelques-uns, bien plus de 100,000 francs la paire ! Ajoutez à cela de vrais tableaux de grandeur ordinaire, peints sur porcelaine, et présentant une fraîcheur, une vivacité de couleurs particulière, et vous n'aurez encore qu'une idée bien imparfaite des splendeurs qu'offrait l'exposition de cet établissement, unique en Europe par les sacrifices de tout genre faits en sa faveur et par l'habileté de ses artistes.

Dans les porcelaines plus ordinaires, nous avons remarqué des vases fort beaux par les nuances, par les formes gracieuses et par les dorures ; mais ce qui nous a le plus captivé, ce sont les plats et autres vases par lesquels M. *Avisseau,* de Tours, a tenté de remettre à la mode le genre inauguré au seizième siècle par le célèbre et infortuné *Bernard Palissy,* et qui présente dans le fond et sur le bord des vases toutes sortes de plantes et d'animaux en relief. L'imitation est si parfaite, les couleurs si vraies, les poses si natu-

relles, que vous n'osez presque avancer
votre main vers ces lézards, ces serpents,
ces grenouilles, qui courent au milieu
des plantes aquatiques, et qui semblent
prêts à s'élancer contre vous. Ce genre
de porcelaine ne deviendra sans doute
jamais populaire, mais il est certainement fort intéressant et curieux.

La porcelaine est une poterie fine,
dure, transparente, susceptible d'être
recouverte d'un vernis ou *émail* brillant.
On la distingue d'une manière générale
en *porcelaine dure* et en *porcelaine tendre*. La première a pour base essentielle
le *kaolin*, terre argileuse blanche, fria-
ble et infusible, résultat de la décompo-
sition du *feldspath* des roches granitiques
(le feldspath est avec le *quartz* et le *mica*
un des trois éléments constitutifs du *granit* ordinaire), et le *pétunzé* ou feldspath
pur, de couleur blanchâtre, qui est fusible à une très-haute température. La
fabrication de la porcelaine se compose
d'une série d'opérations qui exigent beau-

coup de soins de la part des ouvriers. **On**
réduit d'abord les matières ci-dessus indi-
quées en une pâte bien homogène, qu'on
bat et qu'on laisse ensuite reposer assez
longtemps dans des fosses ou cuves couvertes. Cette pâte, après avoir été de
nouveau pétrie par les ouvriers, est façonnée en vases sur le tour ou par le mou-
lage. Les pièces finies et séchées reçoivent
ensuite une première cuisson; elles forment alors ce qu'on appelle *biscuit*. Ordinairement on les recouvre ensuite d'un
vernis dont le feldspath forme la base;
après quoi elles subissent une seconde et
dernière cuisson de trente à trente-six
heures, pendant laquelle la moindre négligence peut déterminer des accidents
ou des défectuosités graves, ce qui explique en partie le prix élevé des belles porcelaines. Si les vases doivent être peints,
on applique les couleurs avec le pinceau,
soit sur la couverte, soit sur la pâte, et
on recuit de nouveau, ce qui exige des
soins très-minutieux.

La *porcelaine tendre* diffère de la précédente par sa pâte plus abondante en feldspath, et par conséquent bien plus fusible, ainsi que par son émail, dans lequel il entre du *minium* ou oxyde de plomb.

La porcelaine était connue en Chine et au Japon de temps immémorial, lorsque, vers la fin du quinzième siècle, les Portugais l'importèrent en Europe. On ne fabriqua d'abord dans l'Occident que de la porcelaine tendre. En 1710, on découvrit le kaolin en Saxe, et l'on fabriqua à Meissen, la première vraie porcelaine ou *porcelaine dure* qu'on appelle encore actuellement le *vieux Saxe*. En 1768, la découverte de gisements considérables de kaolin à *Saint-Yrieix*, près de Limoges, permit d'entreprendre en France, à la *manufacture de Sèvres*, la fabrication de la *porcelaine dure*, et bientôt les produits de cet établissement atteignirent une perfection qui n'a pu être surpassée.

Le plus beau kaolin connu en Europe

est celui recueilli par **M. *Pouyat*** dans un banc qui est sa propriété particulière près de Saint-Yrieix, dans la Haute-Vienne. Il est impossible de rien voir de plus pur et de plus blanc, même avant toute préparation.

C'est dans le Limousin que se trouvent nos plus grandes manufactures de porcelaines, à Limoges, à Saint-Yrieix, à Saint-Léonard, localités qui ne donnent pas seulement du kaolin, mais encore de très-belles *terres* à poteries fines. Généralement, la Haute-Vienne envoie à Paris des porcelaines blanches ; c'est dans la capitale et dans la banlieue qu'on les dore, les brunit et les peint, qu'on leur fait subir enfin la nouvelle cuisson, indispensable pour donner aux dorures et aux peintures la solidité nécessaire. Si ce sont des hommes qui dorent et cuisent, il y a beaucoup de jeunes filles qui sont occupées au travail du *brunissage* (ou du polissage), beaucoup de dames employées à peindre les vases, les urnes, les médaillons.

La France n'était pas seule à exposer des porcelaines. La Prusse, la Saxe, l'Autriche, l'Angleterre, la Toscane présentaient aussi en ce genre de fort beaux spécimens de leur industrie.

VIII.

Un lion de grandeur naturelle en verre filé.

La foule s'arrêtait étonnée, à la dernière Exposition, vis-à-vis d'un lion en verre filé de grandeur naturelle, et dont les formes heureusement saisies faisaient comprendre la puissance et la force de ce roi des animaux. La crinière et les poils, tous en verre filé, imitaient si bien la nature ; le port, l'attitude, la couleur étaient si fidèlement représentés, qu'on aurait cru voir un lion vivant, ou tout au moins un lion parfaitement empaillé et revêtu d'une peau naturelle. Il foulait aux pieds un boa, et, victorieux dans sa lutte avec ce reptile, il semblait regarder la foule avec satisfaction. Chacun admirait cette merveille d'art et de patience, et s'enquérait volontiers des secrets de cette fabrication du verre et des cristaux, dont l'Exposition présentait encore une foule de spécimens admirables ou étonnants.

Les matières premières qui entrent dans la composition des différentes sortes de verre se combinent dans des proportions diverses, mais elles sont généralement toujours les mêmes. Ce sont des *sables siliceux*, de la *potasse* ou de la *soude*, et de la *chaux* ou du *minium*, qui combinés et fondus ensemble à l'aide d'une chaleur très-considérable, donnent pour produit une masse transparente, dure, cassante, sonore, qui ne se dissout ni dans l'eau ni dans les acides : c'est le *verre*. D'après le célèbre naturaliste romain, Pline, la découverte du verre serait due à des voyageurs phéniciens, qui, s'étant servis de blocs de *natron* (sel de soude qu'ils rapportaient des lacs de la Basse-Egypte, sur les bords desquels on le trouve en abondance), pour construire sur le sable un foyer dans lequel ils firent un très-grand feu, produisirent par hasard du verre par la fusion du sable mêlé au natron. La chose est possible, mais nous attribuerions cependant plus volontiers l'origine de cette substance à l'Egypte, qui paraît l'avoir connue de très-bonne heure, et nous en a laissé une foule de très-anciens et très-beaux échantillons, blancs et colorés. Quoi qu'il en soit, au reste, de cette origine, les verreries de Sidon et d'Alexandrie furent célèbres dans l'antiquité. Les Grecs connurent aussi la fabrication du verre, sans avoir fait de cette matière un usage très-étendu. Le verre à vitre ne fut employé à Rome que vers le milieu du troisième siècle, et un long temps s'écoula avant que cette nouvelle industrie se répandît dans le Nord, qui éprouvait cependant un besoin bien plus vif de ce genre de produits. Les premiers édifices fermés de vitres enchâssées furent les églises de Brioude et de Tours, vers la fin du sixième siècle. Au moyen-âge, Venise se distingua par ses verreries, et c'est là qu'on fabriqua les premières grandes glaces. A cette même époque, cette fabrication s'introduisit aussi en Bohême, et y acquit, grâce à l'extrême pureté des matières premières qu'on rencontre en abondance dans ce pays, une supériorité et une réputation qui se sont maintenues jusqu'à nos jours. Sous Louis XIV, de grandes verreries s'établirent en France par les soins de Colbert. En 1688, Abram Thévart inventa l'art de *couler* les glaces de très-grandes dimensions, et fonda à Paris le grand établissement qui, transféré plus tard à *Saint-Gobain*, près la Fère, est devenu la première manufacture de glaces de l'Europe, celle dont les produits ont obtenu les grandes médailles à l'Exposition.

On distingue trois espèces principales de verre : le *verre commun*, dont on fait surtout les bouteilles; le *verre blanc* ou verre à vitres et à glaces; et le *cristal ordinaire* ou *de Bohême*, avec lequel sont faits les vases à boire, les flacons, les vases d'ornement blanc ou colorés, etc. A cette division se rattachent le *crown-glass* et le *flint-glass* pour lunettes astronomiques et autres instruments de ce genre, et le *strass* avec lequel on imite d'une manière étonnante le diamant et les pierres précieuses, industrie qui, à Paris, donne chaque année des produits considérables s'élevant à près de 7 millions.

Les différentes espèces de verres se fabriquent toutes de la même manière : on réduit en poudre fine et on mêle les matériaux qui doivent le composer, puis le mélange est soumis à l'action d'un feu intense dans des creusets d'une argile très-réfractaire. Lorsque la masse est parfaitement fondue, on en prend à l'extrémité d'un tube en fer une certaine quantité que l'on souffle, à peu près comme les enfants forment des bulles de savon. Le verre ainsi soufflé est placé dans des moules et reçoit diverses façons tandis qu'il est encore chaud ; on en fait des bouteilles, des verres, ou bien on le coupe et on l'étend sur des plaques de métal pour en former des vitres, des glaces de dimension ordinaire, etc. La fonte du verre se fait ordinairement au bois ; cependant, pour la fabrication des verres à bouteilles, on peut se servir de la houille.

On taille et on polit le verre au moyen de roues et de meules ; on dégrossit d'abord les pièces avec une roue de fer et du sable mouillé ; on se sert ensuite de meules dures et fines ; enfin, on donne le poli avec une roue en bois et diverses matières, telles que la *pierre-ponce*, etc. Pour avoir des verres de couleur, on mêle et fond dans la pâte de très-petites quantités d'*oxydes métalliques* de diverses natures. Si l'on ne veut que peindre sur verre, on dépose sur l'objet, au moyen d'un pinceau, des couleurs fusibles et mêlées avec des *fondants*, et les verres ainsi peints sont soumis à la cuisson dans un fourneau où ils s'amollissent sans se fondre. Cette industrie de la peinture sur verre, qui fut en si grand honneur au moyen-âge, ne s'est pas encore complètement relevée de nos jours du long oubli dans lequel elle était tombée, et les vitraux modernes demeurent toujours inférieurs à divers égards.

Tous les verres, lorsqu'ils sont ramollis par la chaleur, peuvent se tirer en fils aussi fins que ceux d'un cocon de ver à soie, au point qu'on a pu en faire jusqu'à des étoffes et mille petits objets délicats ; c'est avec ces fils qu'étaient faits les poils et les crins du lion dont nous avons parlé en commençant.

La *cristallerie*, qui ne compte en France que cinq ou six ateliers de fabrication : Baccarat (Meurthe), Saint-Louis (Moselle), Clichy près Paris, la Guillotière près

Lyon, etc., est une industrie qui nous est venue d'Angleterre depuis le commencement de ce siècle. On ne connaissait jadis que le *cristal de roche* (*quartz pur et cristallisé*), produit minéral naturel qui n'existe qu'en petite quantité en Europe, principalement sur les hautes montagnes, et dont la taille est difficile et coûteuse. Aujourd'hui les cristaux artificiels le surpassent presque en limpidité et en blancheur, et on peut les mouler de manière à leur faire représenter les ornements les plus variés. La cristallerie de *Baccarat*, souvent citée comme un établissement modèle, avait exposé, outre une foule de vases, d'urnes, de coupes, de verres de toutes nuances et de toutes formes, deux gigantesques candélabres ou lustres reposant sur un pied en cristal comme tout le reste, et s'élevant à plus de 5 mètres de haut. La tige ressemblait à un tronc d'arbre d'où s'échappent des feuilles, et, plus haut, une réunion de branches portant des bougies en nombre considérable, présentait une circonférence de plus de 5 mètres ; tout au-dessus, l'arbre se terminait par un assemblage de panaches de cristal retombant de tous côtés. Quand les bougies seront allumées et refléteront leurs clartés sur les mille prismes répandus confusément autour d'elles, l'ensemble devra produire un effet prodigieux. Un autre candélabre de même taille et d'origine anglaise offrait un aspect encore plus grandiose et saisissant, et semblait fait pour éclairer les discussions sérieuses d'une grande assemblée délibérante.

La belle industrie des *glaces* ne compte pas non plus beaucoup d'établissements en France. Elle présente des difficultés très-grandes et exige des capitaux considérables. Depuis qu'*Abram Thévart* découvrit les moyens de couler la matière en fusion au lieu de la souffler comme on souffle le verre, l'industrie des glaces s'est divisée en deux branches : celle des glaces *soufflées* d'après les anciens procédés et celle des glaces *coulées*. Les produits de la première ne sont plus très-nombreux, et n'atteignent que de faibles dimensions; car elles trouvent leur limite dans la force même de l'homme qui doit lever et souffler la matière tant que le verre est susceptible de s'étendre, tandis que les glaces coulées atteignent des dimensions colossales et se vendent à des prix très-élevés. Chacune des trois grandes glaceries françaises, *Saint-Gobain*, *Saint-Quirin* et *Cirey* (associées entre elles) et *Montluçon*, avait exposé de magnifiques spécimens, dans la grande salle du Palais de l'Industrie ; mais la glace de Saint-Gobain l'emportait sur toutes les autres en étendue et en perfection : elle ne comptait pas moins de 18 *mètres* 04 *centimètres* de surface carrée , et jamais plateau de verre d'une telle pureté n'était sortie d'un atelier. Elle n'était du reste pas *étamée,* et ne formait pas encore un miroir. — Saint-Quirin et Cirey en exposaient une magnifique de 13 *mètres*

37 *centimètres;* Montluçon, deux fort belles, dont une de 14 *mètres* de surface. — D'autres glaces de grande dimension venues de l'étranger, l'une de Floreffe près Namur (Belgique), et l'autre d'Aixla-Chapelle (Prusse), présentaient de légères défectuosités; car dans les opérations compliquées de la fusion, de la coulée des matières incandescentes sur les tables en cuivre ou en fonte, du transport des glaces au four, du polissage, sans parler de l'étamage, qui est une opération tout-à-fait secondaire, il est bien facile que quelque bulle d'air, quelque légère tache, quelque fil viennent altérer la pureté et la limpidité du cristal.

IX.

Une pipe de douze cents francs.

La passion du tabac s'étend et se généralise de plus en plus ; elle envahit toutes les classes, et atteint même les enfants. Chaque année, cette habitude tyrannique et désagréable engloutit des sommes considérables, quelque chose comme 150 millions de francs, c'est-à-dire bien plus qu'il ne faudrait pour donner du travail et un peu de bien-être à tous les pauvres qui existent sur la surface de l'empire français.

Et encore ne parlons-nous ici que du tabac vendu par les bureaux du gouver-

nement. Que serait-ce si nous pouvions
compter la valeur de tout ce qui est
introduit en fraude dans les pays frontiè-
res? si nous calculions les sommes employées en tabatières, bourses ou boîtes à tabac, porte-cigares, pipes de
prix, etc?... L'homme qui ne se fait pas
scrupule d'employer chaque année quelques centaines de francs à la plus impro-
ductive des consommations, tandis qu'autour de lui des multitudes de pauvres
crient la faim, et que les sociétés philan-
thropiques et chrétiennes sont arrêtées
par le manque de fonds, ne se fera pour
l'ordinaire pas plus de scrupules à mettre
de grosses sommes à l'achat de ces divers
objets en rapport avec sa passion favo-
rite. Voici, par exemple, parmi les objets
divers exposés par la ville de Vienne, capitale de l'Autriche, une vaste collection
de pipes de 1,200, de 1,000, de 800, de
500, de 100, de 60 francs. Leur nombre
considérable prouve qu'elles sont l'objet
d'un actif commerce, et en effet nous sa-

vons que chez les peuples grands fumeurs le luxe des pipes est poussé à un degré inouï. Ces objets, quelle qu'en fût la cherté, ne peuvent cependant être mis en comparaison avec une gigantesque pipe d'écume que nous avons vue exposée à Paris, place de la Bourse, et qui est mise en vente au prix de 2,000 francs. Elle est montée en or, avec une petite statue en argent sur le couvercle, et elle est ornée sur le devant d'une sculpture en relief, admirablement exécutée, et représentant le beau tableau de David : *les Femmes romaines séparant les guerriers romains et sabins.* C'est un travail extrêmement remarquable, quoiqu'on regrette de voir l'art ainsi employé.

On fait des pipes en terre, en racine, en porcelaine, en écume de mer pour plusieurs millions par an. La simple pipe de l'ouvrier est devenue un objet de commerce des plus importants. A Saint-Omer, ville du département du Pas-de-Calais, la confection des pipes en terre alimente deux fabriques, dont l'une occupe six cents ouvriers et l'autre trois cent cinquante, et qui expédient chaque année environ trente-six millions de pipes en Europe, en Afrique et en Amérique ; le prix varie de 2 à 5 francs la *grosse* (douze douzaines), et l'ensemble forme une affaire de 7 à 800,000 francs par an.

Mais les plus belles sont confectionnées avec ce qu'on appelle mal à propos *écume de mer*. Cette prétendue écume est la *magnésite*, substance blanche, opaque, douce et grasse, infusible, d'une texture compacte, qui est une combinaison de *silice* et de *magnésie*, avec une faible quantité d'eau. On la trouve par masses informes dans l'île de *Négrepont,* en *Piémont,* près de *Madrid ;* mais elle n'existe avec un degré satisfaisant de pureté qu'à *Kilts-chik*, dans l'Anatolie, d'où elle est expédiée à Vienne (seul dépôt européen) par quelques négociants turcs, grecs ou arméniens. Les Allemands, qui les premiers reçurent et utilisèrent cette substance, dissimulèrent l'origine et la provenance de leur trouvaille, et, afin de s'en assurer le monopole, ils lui donnèrent un nom qui devait faire croire à une origine mystérieuse et étrange, celui d'écume de mer.

L'Allemagne a longtemps seule fabriqué des pipes d'écume à Vienne, en Autriche, et à Rhula, en Saxe ; mais depuis quelques années MM. *Séjournant* et *Cardon* ont importé en France cette industrie, à laquelle ils ont donné un immense développement. Pour se procurer directement la magnésite, M. *Cardon* n'a pas hésité à se rendre en *Asie-Mineure*. Muni d'un sauf-conduit du sultan *Abd-ul-Medjid*, il s'est aventuré dans des routes escarpées, exposé à toutes sortes de privations, indépendamment du grave inconvénient de rencontrer au coin des bois des bandes de voleurs ou de soldats fugitifs. Enfin, il a pu arriver aux carrières de magnésite ; il a conclu des marchés, fait expédier à dos de mulet des morceaux choisis du précieux minéral, et s'il a dû au retour affronter de plus grands périls encore, il a du moins été soutenu par la certitude du succès.

La *marnière* d'où l'on tire cette substance constitue à ce qu'il paraît un banc très-considérable. On lave, assure-t-on, la magnésite dans du lait, afin de l'épurer et de lui donner plus de blancheur; préparée ensuite avec des matières telles que la cire et le suif, elle acquiert au feu la dureté qui permet de lui donner le beau poli qui la distingue. Toutefois, ce qui rehausse particulièrement la valeur des plus belles pipes d'écume, ce sont les gracieuses figures, les charmantes petites scènes qui y sont sculptées, soit sur la tête, soit sur le tuyau. Ici ce sont des combats entre des Français et des Arabes, là des scènes de l'histoire du moyen-âge ou de la mythologie, ou bien encore des tableaux de mœurs allemandes, des buveurs de bière, des musiciens, des chanteurs. Les porte-cigares eux-mêmes sont ornés également des plus capricieuses fantaisies , et se vendent à des prix assez élevés.

Pour témoigner son intérêt et sa bienveillance à ce genre d'industrie , Sa Majesté l'empereur avait fait choix d'une des pipes d'écume les plus remarquables par leur ornementation et leurs sculptures, et il avait promis d'en donner la somme de 1,200 francs. Mais peu de jours après, la pipe avait été enlevée de dessous la cloche de verre où elle était exposée , et nous n'avons pas appris qu'on l'ait retrouvée.

X.

Deux tableaux en allumettes chimiques.

Un jour que je me promenais avec mes enfants parmi les objets exposés par l'Autriche dans la grande annexe du Palais de l'Industrie, nous nous trouvâmes tout-à-coup placés en face de deux singulières peintures, qui excitèrent vivement notre curiosité. L'une représentait le sultan à cheval, revêtu d'un brillant costume militaire; l'autre imitait un volcan en éruption, vomissant des torrents de lave enflammée et de feu. Toutes deux, élevées sur un piédestal en face l'une de l'autre, ressemblaient à des tableaux en brode-

rie, et so'licitaient nécessairement l'attention des visiteurs. Nous cherchâmes vainement au premier abord à nous rendre
compte de la nature de ces représentations un peu grossières, et qu'on sentait
bien ne pouvoir être des peintures proprement dites. Ce ne fut qu'en nous ap-
prochant tout-à-fait que nous découvrî-
mes qu'elles se composaient tout entières
d'allumettes chimiques, serrées les unes
contre les autres, et dont l'extrémité, soufrée et enduite de phosphore de diverses
nuances, présentait cette variété de couleurs et de teintes qui, convenablement
disposées, formaient deux tableaux, si-
non très-fins, au moins ressemblants, et
en tout cas fort curieux à examiner. Cette
vue provoqua bien des demandes d'explications, et voici le résumé de ce que
nous apprîmes relativement à cette industrie.

La fabrication des allumettes phospho-
riques est une industrie nouvelle, due
aux progrès immenses et de toute nature

que la chimie a faits dans des temps très-rapprochés de nous. Peu de découvertes nouvelles se sont répandues avec une rapidité égale jusque dans les campagnes les plus reculées, et cependant il existe encore bien des cultivateurs qui s'en tiennent à la pierre de silex et au vieux briquet d'acier, prétendant que depuis que l'invention nouvelle a prévalu, on a vu se multiplier d'une manière effrayante les incendies et autres accidents analogues, suite nécessaire de l'imprudence avec laquelle on laisse des allumettes chimiques à la portée des jeunes enfants.

Quoi qu'il en soit de ces accusations, la fabrication de ces allumettes a pris actuellement une extension immense. Telle maison de Paris, engagée dans ce genre d'industrie, consomme à la lettre, chaque année, un véritable chantier de bois blanc. Une fabrique de Manchester, celle de M. Dixon, arrive au chiffre énorme de six à neuf millions d'allumettes par jour. Sur le continent de l'Europe, il y en a de grandes manufactures en Transylvanie, en Finlande, au golfe de Bothnie, et en Allemagne, où l'invention en a été faite (à Berlin), il y a environ trente ans.

La première opération consiste dans la préparation du bois. On se procure d'abord de belles planches de sapin du Nord, sans nœud et faciles à fendre. On les scie et on les coupe en petits tronçons de la longueur qu'on veut donner aux allumettes; puis, au moyen d'un couteau fixé par un des bouts à la table, on réduit ces tronçons en planchettes parallèles entre elles, qu'on a la précaution de ne pas séparer entièrement les unes des autres, et qu'on maintient un peu écartées en jetant dans les fentes de la sciure de bois; après cela on dirige le couteau perpendiculairement aux premières fentes, et les planchettes se trouvent partagées en une multitude de petites bûches ou d'allumettes, qui adhèrent encore toutes les unes aux autres par le pied. Dans cet état, et avec la poussière qui tient les fragments écartés les uns des autres, chaque tronçon ainsi refendu présente l'aspect d'un pinceau grossier. C'est alors qu'on les plonge, jusqu'à la hauteur d'un centimètre environ, dans du soufre fondu, en ayant soin de n'opérer jamais dans un vase de métal et de ménager le feu.

Vient ensuite la dernière opération, qui consiste à ajouter à l'extrémité déjà soufrée une préparation destinée à rendre l'allumette inflammable au premier frottement un peu fort qu'on lui fait subir. Cette préparation consiste en chlorate de potasse (50 grammes) et en phosphore (25 grammes), mélangés avec de la gomme du Sénégal (100 grammes), et avec du bleu de Prusse, ou toute autre matière colorante destinée à donner au tout la nuance qu'on préfère. On commence par faire fondre la gomme à froid dans trois ou quatre fois son poids d'eau ; on filtre ensuite le liquide à travers un linge fin qu'on presse fortement. On fait chauffer légèrement cette gomme dans un vase en terre, en y ajoutant le chlorate en poudre et la matière colorante, puis, le phosphore, qui se fond comme de la cire ; on amalgame bien le tout avec un petit bâton et on laisse refroidir. Après cela, on n'a plus qu'à prendre un peu de cette composition, qu'on place sur une table de pierre chauffée à la vapeur, et à tremper dans ce mélange le bout des allumettes déjà soufrées. Les allumettes sont déposées ensuite dans une chambre chaude, et quand elles sont sèches, on les met en boîtes et en paquets.

L'air et l'humidité altèrent, comme on sait, très-promptement la nature des allumettes : le premier en brûlant lentement le phosphore qui garnit la tête; la seconde, en ramollissant la gomme; de ces deux inconvénients, le dernier est le principal à redouter. Un autre inconvénient de l'emploi de ces allumettes, ce sont les émanations fâcheuses qui s'en exhalent, et qui, dans les lieux où il s'en trouve une grande quantité, peuvent exercer sur la santé une influence des plus pernicieuses.

Tous les ouvriers qui travaillent dans les manufactures où l'on emploie le phosphore sont, en effet, plus ou moins exposés à une maladie terrible, connue sous le nom de *carie des os.* Elle commence par un léger mal de dents, puis, peu à peu, elle conduit à une désorganisation qui souvent cause la mort, ou du moins envoie les malheureux dans un hôpital pour le reste de leur vie. Les uns ne peuvent pour ainsi dire plus ouvrir la bouche; d'autres subissent d'affreuses opérations qui leur enlèvent parfois une bonne partie de la mâchoire supérieure.

Pour remédier à d'aussi graves accidents, on a proposé de remplacer le phosphore ordinaire par une autre espèce surnommée *phosphore amorphe,* lequel ne prend pas feu sous une pression ordinaire, et n'exhale aucune émanation dangereuse dans son contact avec l'air. Il est vivement à désirer que cette nouvelle substance soit bientôt employée dans toutes les fabriques, et que la santé des malheureux ouvriers qui nous préparent ce moyen si commode de nous procurer de la lumière, ne soit plus exposée à de si redoutables calamités.

XI.

Le corail rouge et les éponges.

La plupart de mes lecteurs savent qu'entre l'île de Corse, à jamais célèbre par la naissance du plus grand capitaine des temps modernes, et l'île de Sardaigne, qui fait partie du royaume de Piémont, il existe un détroit connu sous le nom de *canal de Boniface*, passage assez large, mais rendu dangereux pendant les mauvais temps par la présence d'un assez grand nombre de roches sous-marines et d'îlots déserts. Vers la fin de 1854, une catastrophe épouvantable vint attirer l'attention publique sur ces périlleux parages, et l'on se préoccupa pour quelques jours des précautions à prendre pour éviter de pareils sinistres à l'avenir. Une frégate, *la Sémillante,* qui portait environ huit cents hommes destinés à aller renforcer en Crimée l'armée d'Orient, poussée par des vents impétueux et irrésistibles au milieu des écueils qui bordent le canal, y fut broyée et engloutie d'une manière si soudaine et si inattendue, que pas un des passagers ne paraît avoir eu le temps d'essayer quelque chose pour sauver sa vie; tous les cadavres, découverts au fond des eaux à la suite de pénibles recherches, étaient encore revêtus des mêmes habits que chacun portait au moment où la mort vint le surprendre et l'entraîner sous les flots.

Eh bien! mes chers amis, dans ce sinistre détroit de Boniface, croît en assez grande abondance le *corail,* cette espèce de plante marine en pierre, que construisent de petits animaux microscopiques dans les profondeurs de l'Océan, et avec laquelle on peut faire des bijoux et des parures de tout genre, d'un effet charmant. De l'endroit même où sombra *la Sémillante*, on a retiré entre autres une magnifique tige de corail noir dont la nuance exceptionnelle, non moins que l'origine, attirait les regards de tous les visiteurs de l'Exposition. Cette substance, ordinairement du plus beau rouge, se rencontre, au reste, sur un grand nombre de points de la Méditerranée, dans le détroit de Messine, et surtout sur les côtes de l'Algérie, dans le voisinage de La Calle principalement. Dès la plus haute antiquité, l'éclat de sa vive couleur fixa l'attention des hommes, qui s'en taillèrent des ornements divers : bracelets, colliers, bijoux et parures de tout genre.

Le corail est formé par de petits animaux microscopiques, blancs, mous, presque transparents. Semblables aux larves d'abeilles (ou *couvains*) que vous voyez dans un gâteau de cire, placées chacune dans une cellule, la tête tournée vers l'ouverture, les petits polypes constructeurs du corail sont fixés aussi dans des cellules de pierre qu'ils ont formées eux-mêmes, absolument comme les escargots font sortir de leur corps ou sécrètent la matière calcaire qui, en se durcissant, forme leur coquille. Ces animaux ne peuvent sortir de la place, mais leur bouche s'ouvre au-dehors et prend sa nourriture dans l'eau de la mer à l'aide de huit tentacules qui sont comme des espèces de bras, destinés à amener dans la bouche, par leurs mouvements, les petites molécules de nourriture qui flottent dans l'eau environnante. Chacun de ces petits êtres, pendant sa courte existence, travaille à étendre sa demeure; bientôt leurs œufs éclosent et les jeunes polypes élèvent leurs cellules par-dessus celles de leurs prédécesseurs. Ceux-ci sont étouffés ou disparaissent, mais leurs habitations en pierre servent de fondements à celles des générations nouvelles.

Ainsi se forme peu à peu le polypier

qu'on appelle *corail,* et qui ressemble à un arbrisseau sans feuilles, mais très-branchu, d'environ 50 à 60 centimètres de hauteur sur une épaisseur de 3 à 4 centimètres. Il adhère au rocher par un large pied. Il est recouvert d'une écorce plus ou moins gélatineuse ; l'intérieur est d'un rouge vif et a la dureté du marbre. Ce n'est qu'au bout de dix ans que le corail a acquis tout son développement et qu'on peut le recueillir. Il se trouve à des profondeurs très-variables, à 60 ou 80 pieds en moyenne ; mais, plus il croît loin de la surface, moins il est beau, et moins il grandit rapidement. Il se développe dans toutes les directions possibles ; mais, en général, il se trouve suspendu à la voûte des cavernes sous-marines, et ses rameaux sont dirigés de haut en bas.

On pêche le corail pendant les trois mois de la plus grande chaleur. Souvent de hardis plongeurs vont l'arracher au fond de la mer ; mais le plus ordinairement on le recueille en promenant au fond de l'eau, au moyen d'une corde, un filet que deux lourds bâtons mis en croix maintiennent ouvert, et qui est retenu par un boulet. Les pieds des coraux touchés se brisent, et leurs branches restent prises dans le filet ; quant aux fragments qui se détachent et tombent, les pêcheurs plongent et vont les chercher, s'ils ne sont pas à une trop grande profondeur.

Une autre substance marine qui, comme le corail, est formée au sein des eaux par une multitude de petits animaux microscopiques, c'est l'*éponge*, cette matière élastique et douce, qui, par la facilité avec laquelle elle s'imbibe de n'importe quel liquide avec lequel on la met en contact, rend de si grands services au point de vue de la propreté et de l'hygiène. Cet animal-plante adhère aussi très-fortement aux rochers ; mais à certains moments de l'année, il s'en détache des groupes d'œufs qui se dispersent de divers côtés, et vont former ailleurs d'autres éponges dont se tapisse le fond des mers.

C'est de la Méditerranée que se tirent les plus belles éponges. A l'Exposition universelle on en voyait une en forme d'entonnoir et de taille vraiment gigantesque, car elle avait tout près d'un mètre de diamètre d'un bord à l'autre. Les plus fines, entre autres les *éponges douces de Syrie*, les *éponges blondes*, qu'on réserve pour la toilette, ne sont jamais de dimensions aussi considérables, et se vendent beaucoup plus cher. On s'en procure une grande quantité dans les parages de la Grèce, spécialement dans les détroits qui séparent entre elles les petites îles de l'Archipel. L'éponge colossale dont nous parlions tout-à-l'heure, a été pêchée dans le canal qui est entre l'île de Chypre et la côte de Caramanie, en Asie-Mineure.

On ne se livre à ce genre de pêche que lorsque l'eau est calme, et qu'elle permet de distinguer les éponges à 10 mètres au plus de profondeur. Deux hommes presque nus, montés sur un canot, armés seulement d'un grand couteau attaché à une ceinture de cuir, plongent tour-à-tour, et bientôt reparaissent tenant dans leur main une éponge. Le soir, ils rentrent chez eux épuisés de fatigue, saignant du nez et des oreilles, et trop heureux encore d'avoir échappé aux requins. Lorsque vous vous servez d'une éponge, vous ne vous doutez guère, mes chers amis, des fatigues et des dangers auxquels de pauvres ouvriers se sont exposés pour vous la procurer. Efforcez-vous cependant d'être reconnaissants, d'abord envers le premier Auteur de ces innombrables merveilles que la nature et l'art ont appropriées à votre usage, et aussi envers tous ceux dont le travail et les fatigues ont concouru à vous enrichir de tant de si précieux produits. Dans la vie civilisée, tout homme qui travaille est utile à tous les autres, qui dépendent de lui, de même qu'il a besoin d'eux ; le paresseux seul est un fardeau pour la société, car il consomme autant qu'un autre et ne produit rien d'utile pour le bien de tous. Tout travailleur honnête a donc droit à notre sympathie et à notre cordial intérêt, surtout lorsqu'il expose sa santé ou sa vie pour nous procurer quelque bien-être ou quelque agrément.

Les perles et les petites églises en nacre.

Parmi les divers objets exposés par l'industrie viennoise, et tout à côté de ses fameuses pipes d'écume, les regards des spectateurs étaient attirés par un très-grand nombre de modèles charmants des églises gothiques les plus célèbres, le tout en nacre délicatement découpée et sculptée, et miroitant avec l'éclat chatoyant et irisé qui est particulier à cette substance. D'un autre côté, la profusion inouïe de perles de toute grandeur et de toute nuance qui s'étalait dans les diverses parties de l'Exposition, avait déjà attiré notre attention vers ces produits à la fois si étranges et si admirables, qui s'élaborent dans l'ombre et le silence au milieu des profondeurs de l'Océan. Nous fûmes donc conduits, mes enfants et moi, à étudier ensemble l'origine des perles et de la nacre, et l'usage que les hommes en font.

La *nacre* (de l'arabe *nakar*, coquille) est la surface intérieure, brillante, blanche ou argentée de la coquille dans laquelle vivent divers mollusques, notamment ceux appartenant à un certain genre d'*huîtres* connues sous les noms de *pintadines* ou d'*huîtres à perles*. Avec des instruments tranchants, on enlève la partie extérieure de la coquille, qui est grossière et sans valeur; puis l'intérieure, qui est la nacre, est dressée, découpée et façonnée de manière à pouvoir servir à toutes sortes d'ouvrages de marqueterie fine, de tabletterie et de bijouterie. On s'en sert pour couvrir des boîtes et des tabatières; pour faire, comme nous l'avons dit plus haut, des représentations en petit d'églises et d'ornements divers, pour fabriquer des étuis, des éventails, des boutons, des dés, des manches de canifs, etc. Les nacres se vendent au poids, et leur prix varie suivant leur beauté et leur grandeur. On travaille surtout la nacre de perle en France, à Paris et dans les départements voisins, ainsi qu'en Angleterre et en Hollande.

La *perle* est une substance très-dure, d'un blanc mat, argentin et chatoyant, de forme ordinairement ronde ou un peu allongée en poire, qui se produit dans l'intérieur de plusieurs coquillages d'eau douce et d'eau salée, et surtout dans celui de la pintadine ou huître perlière. La cause première de la formation de cette substance semble due aux efforts du mollusque pour se délivrer d'un mal inévitable : un grain de sable ou tel autre corps étranger qui s'est introduit dans sa demeure. L'animal, afin d'en être moins incommodé, l'entoure dès ce moment d'une certaine quantité de nacre lisse et brillante (car la matière de la nacre et celle de la perle sont les mêmes). Cette substance, que le mollusque sécrète ou fait sortir de son corps en plus ou moins grande abondance, se durcit peu à peu et forme de petites boules plus ou moins régulières et de diverses couleurs qui, de temps immémorial, ont été excessivement appréciées, et ont servi à faire des colliers, des bracelets, des pendants d'oreilles, des diadèmes et autres parures diverses. Les dames romaines s'en couvraient les bras et les épaules, et en brodaient sur leurs vêtements. Les deux qui servaient de pendants d'oreille à Cléopâtre, célèbre reine d'Egypte, vers le commencement de l'ère chrétienne, avaient coûté plus de 3 millions de notre monnaie; on prétend qu'un jour cette femme insensée, pour surpasser encore les folles dépenses du général romain Marc Antoine, jeta une de ces perles dans un plat, la fit fondre et l'avala. Une perle du schah ou roi de Perse a été estimée à 2,750,000 francs.

On distingue les perles, soit d'après leur forme : il y en a de *rondes*, qui sont les plus estimées, d'autres en *poire* et de *biscornues* ou *baroques* ; soit d'après leur grosseur : les plus petites sont appelées *semences*, les plus grosses *paragonnes* ; soit enfin d'après leur *eau* ou couleur et leur teinte nacrée, ou, comme on dit, *orient* ; elles passent du blanc azuré au blanc jaunâtre, au jaune d'or et au noir bleuâtre ; il y en a même de roses, de bleues et de lilas, mais elles sont fort rares. Celles qu'on préfère en Europe, ce sont les blanches ; les Orientaux recherchent surtout les jaunes ou les noires. Un beau collier de perles, un peu plus petites qu'un gros pois, coûte de 4 à 8,000 fr. ; les prix varient, non-seulement d'après la grosseur, mais encore d'après la régularité et la nuance des teintes.

Des pêcheries de perles existent sur un grand nombre de côtes ; cependant ce n'est plus guère que dans quelques parages de la mer des Indes qu'on les exploite avec un certain succès. Les principales se trouvent dans le détroit de Manaar, situé entre la presqu'île de l'Inde et l'île de Ceylan ; autour de l'île Bahraïn, à l'entrée du golfe Persique, et tout le long des côtes voisines, au sud-est de l'Arabie. La pêcherie de Bahraïn est la plus importante de toutes ; le produit en est annuellement de 5 à 6 millions, et si l'on ajoute à ce chiffre la valeur de ce qui est recueilli dans les îles voisines et le long de la côte d'Arabie, on arrive à un total de 7 à 8 millions de francs ; c'est là surtout que les Orientaux s'approvisionnent de perles jaunes.

La pêche à Ceylan est un monopole du gouvernement anglais. Elle rapporte de 750,000 à 3 millions de francs, suivant que les bancs d'huîtres ont été plus ou moins épuisés dans les années précédentes. Les huîtres n'atteignant leur maturité qu'à sept ou neuf ans, on ne laisse faire la pêche sur les bancs qu'après s'être assuré qu'elles sont assez grosses. Chaque banc est partagé en plusieurs lots , mis pour ainsi dire en coupe réglée, et affermés successivement d'année en année. Les plus riches en coquilles sont, dit-on, à la profondeur de six ou huit brasses seulement. La pêche ne dure que six semaines ou deux mois. Les bateaux partent et reviennent ensemble ; chacun est monté par dix rameurs et dix plongeurs ; ceux-ci se partagent en bandes de cinq hommes chacune, qui plongent, demeurent une minute et demie ou deux sous l'eau, recueillent autant de coquillages que possible, et, à un signal donné, sont ramenés promptement, à l'aide d'une corde, au-dessus de la surface des flots. Une fois dans la barque, ils rejettent par la bouche, par le nez et par les oreilles de l'eau et souvent même du sang, ce qui ne les empêche pas de répéter la même opération jusqu'à quarante ou cinquante fois par jour. En général, ces

pauvres gens ne deviennent pas vieux ;
parfois ils sont frappés d'apoplexie au
sortir de l'eau. Mais le danger qu'ils re-
doutent le plus, c'est celui de tomber
sous la dent du requin : aussi la présence
d'un seul de ces animaux voraces suffit-
elle pour arrêter complètement la pêche.
Les plongeurs sont payés quelquefois en
argent, mais le plus souvent en huîtres,
avec la chance de trouver, dans celles
qu'on leur donne, de riches joyaux. On
a rencontré dans une seule coquille jusqu'à cent cinquante perles, petites ou
grandes ; mais aussi on peut en ouvrir
cent cinquante sans y rien trouver du
tout.

Aussitôt déchargées à terre, les huîtres sont jetées dans de grands trous, où
elles pourrissent en infectant tous les environs. On les ouvre alors sans peine, et
les perles sont recueillies avec soin, net-
toyées, puis arrondies et polies au moyen
d'une poudre formée par les perles elles-
mêmes ; enfin, elles sont assorties, per-

cées et réunies en collier. Les perles du banc de Ceylan sont plus estimées en Angleterre que celles d'aucune autre contrée, à cause de leur forme plus régulière et de la blancheur de leur éclat argentin.

On imite les perles de diverses manières. Le plus souvent on le fait au moyen de petites boules creuses en verre, revêtues intérieurement avec la matière brillante dont se composent les écailles de l'*ablette*, petit poisson qui abonde dans la Seine et dans les autres fleuves de l'Occident. Ces écailles sont lavées à plusieurs eaux, et chaque fois on laisse reposer le liquide ; l'eau est ensuite vidée, et il reste au fond du vase une liqueur qui a la consistance de l'huile et la couleur de la perle, et qu'on appelle *essence d'Orient* ou *essence de perle*. Pour incruster l'essence de perle dans les globules de verre, on la mêle préalablement avec de la colle de poisson ; on la souffle ensuite dans chaque grain de verre, et, pour rendre la perle plus solide, on remplit le vide en y coulant de la cire blanche. Généralement, néanmoins, il n'est pas difficile de distinguer ces perles fausses des véritables ; leur éclat diffère pour l'ordinaire assez sensiblement.

XIII.

Un livre imprimé sur caoutchouc.

Chacun de mes lecteurs connaît le *caoutchouc* ou *gomme élastique*, cette substance résineuse qui se trouve dans le suc laiteux d'un certain nombre d'arbres de l'Amérique du Sud et des contrées chaudes de l'Asie et de l'Afrique. Longtemps envisagé par les naturalistes comme objet de pure curiosité, et n'ayant d'autre usage que celui d'effacer sur le papier les traces du crayon, ou de fournir des balles élastiques pour les jeux des enfants, ce produit a reçu depuis un certain nombre d'années des applications tellement nombreuses et diverses, qu'en étudiant cette partie de l'exposition des Etats-Unis on en était à se demander si l'on ne substituerait pas bientôt le caoutchouc à toutes les autres matières pour la confection des meubles, vêtements, chaussures, objets de toilette, de voyage, de chasse, de guerre, bijoux, instruments de physique, fournitures militaires, cartes géographiques, jouets d'enfants, etc. On y trouvait réellement de tout, jusqu'à un volume in-8°, imprimé sur des feuilles de caoutchouc, revêtu d'une élégante reliure aussi en caoutchouc durci, et exposant l'histoire merveilleuse de la fabrication qui nous occupe. Racontons en abrégé l'origine et les progrès de cette intéressante industrie.

Le caoutchouc fut décrit pour la première fois, en 1736, par La Condamine et Bouguer, savants français envoyés au Pérou par l'Académie des sciences pour faire des observations relativement à l'aplatissement de notre terre aux pôles. Un peu plus tard, en 1751, un autre Français, Fresneau, qui avait résidé pendant quinze ans à la Guyane, recueillit des détails plus étendus sur cette substance et sur l'arbre qui la produit (*Hevea guyanensis*). Cet arbre atteint une hauteur de 18 à 20 mètres. Il porte des fruits à noyaux, dont l'amande est blanche et d'un goût agréable.

Pour se procurer le caoutchouc, les Indiens pratiquent sur l'écorce de ces arbres de profondes incisions, tout autour du tronc, depuis la base jusqu'aux branches les plus élevées, et ils reçoivent dans des calebasses ou dans de grandes feuilles de bananier ployées en bonnet, le suc laiteux qui s'en écoule. Abandonnée à elle-même, cette sève s'épaissit peu à peu par suite de la lente évaporation de l'eau qu'elle renferme, devient visqueuse et collante, et finit par se figer en une matière solide éminemment élastique. Comme une pareille évaporation exige beaucoup de temps, il arrive souvent que, pour la rendre plus rapide, les naturels du pays confectionnent des moules en terre glaise, qu'ils plongent successivement et un grand nombre de fois, dans le suc convenablement épaissi. Lorsqu'ils jugent la couche de caoutchouc assez forte, ils brisent le moule et en font sortir les fragments par une ouverture quelconque. C'est du moins ainsi qu'est préparé le caoutchouc en poires qu'on trouve dans le commerce. Le plus souvent maintenant on nous l'envoie sous forme de plaques épaisses, colorées en brun, et pesant jusqu'à 100 kilogrammes.

Le suc qui forme le caoutchouc est originairement blanc; il doit principalement sa couleur brun marron à la fumée à laquelle on l'expose, en le faisant sécher couche par couche pour lui donner de la consistance. Il est sans odeur ni saveur, inaltérable à l'air, tout-à-fait imperméable à l'eau, et doué d'une élasticité qu'aucune autre substance ne possède au même degré. Comme cette matière se fond facilement et se dissout sans peine dans l'éther et dans certaines huiles, on en a profité pour l'étirer en forme de fils, propres à entrer dans la confection de tissus qui nécessitent une certaine élasticité : bretelles, jarretières, ceintures, etc. ; avec 1 kilogramme de matière, on peut faire, dit-on, 40,000 mètres de fils de caoutchouc.

On en a profité encore pour confectionner des vêtements et des chaussures complètement imperméables à l'eau, et qui ont eu le plus grand succès. L'inventeur des vêtements imperméables fut un Irlandais nommé Mac-Intosh, dont ils ont longtemps porté le nom. Son procédé consiste à réunir entre elles deux pièces d'étoffe au moyen d'une colle de caoutchouc dissous dans de l'huile de naphte. Ses paletots et manteaux, après avoir joui d'une grande vogue, sont généralement remplacés aujourd'hui par des vêtements plus légers et d'un prix moins élevé. On en a fait qui ont reçu le nom assez bizarre de *Janus*, et qui peuvent se retourner à volonté. Une face est d'étoffe imperméable, c'est celle qu'il faut présenter au mauvais temps ; l'autre est un tissu dit Orléans, tissu léger, fin, brillant, presque semblable à de la soie ; c'est le côté qui prend l'air quand il fait beau. — Quant aux chaussures imperméables, c'est du caoutchouc moulé sur la forme du pied, et qui permet de marcher à pied sec, même dans des mares d'eau ; l'unique inconvénient de ces chaussures est de concentrer ou d'emprisonner l'humidité venant de l'intérieur.

Malgré d'aussi importants résultats, l'industrie nouvelle était paralysée dans son essor par l'état peu stable des objets confectionnés avec le caoutchouc. Cette substance, en effet, se durcit par le repos et le froid, et se ramollit par le maniement et la chaleur, de telle sorte qu'un produit qui trouvait son emploi en été devenait inutile dans une saison moins chaude. Pour combattre ces graves inconvénients, un Américain, M. Charles Goodyear, a inventé la *vulcanisation*, opération qui rend le caoutchouc absolument insensible aux variations de la température, et qui consiste à plonger les feuilles de gomme dans un bain de soufre fondu.

Les usages du caoutchouc vulcanisé sont immenses. On en fait des matelas à eau chaude, des coussins, des gourdes de voyage, des tuyaux de toute dimension, des tampons de machines, des courroies, des ressorts, des tentes imperméables, des cartes géographiques imprimées, des papiers peints inaltérables à l'humidité, et dont un, en forme de tableau, représentait à l'Exposition une scène de la *bataille de l'Alma*.

Mais M. Goodyear ne s'en est pas tenu à cela. En continuant ses recherches, en forçant la vulcanisation, c'est-à-dire en faisant absorber par le caoutchouc, non plus seulement le douzième, mais le cinquième de son poids de fleur de soufre, et chauffant le mélange à 150 degrés, l'inventeur américain a réussi à nous doter d'un produit nouveau, dur comme la corne ou l'écaille, et susceptible d'un très-beau poli. Et si vous demandez ce que fait M. Goodyear avec son caoutchouc durci, nous serions plutôt tenté de vous demander ce qu'il ne fait pas ou ne peut pas faire. Que n'avons-nous pas vu en effet dans la brillante exposition de la compagnie américaine fondée pour exploiter ce nouveau procédé? Manches de couteau sculptés, crosses de fusils ornés de sujets moulés avec art, jumelles ou lunettes doubles pour le théâtre, meubles richement dorés et rivalisant avec l'ébène le plus poli, broches, épingles, peignes, bijoux montés de perles fines, instruments de musique, tels que violons et clarinettes, candélabres, cannes et cravaches très-flexibles, en même temps que dures, instruments de chirurgie, poires à poudre et autres instruments de chasse; fournitures militaires, telles que fourreaux d'épée, fontes de pistolets, casques élégants, pontons pour le génie militaire, planches pouvant avec avantage être substituées au cuivre pour le doublage des navires, bateaux dits de sauvetage ou insubmersibles, qui, s'ils n'ont pas à craindre l'impétuosité des vagues, ne sont peut-être pas aussi en sûreté contre les pointes aiguës des rochers sous-marins, etc., etc.

Grâce aux inventions de M. Goodyear, le caoutchouc va devenir une des matières les plus employées dans les diverses branches de l'industrie ; mais si l'on ne se hâte pas de prendre des mesures de prudence, n'arrivera-t-on pas promptement à l'épuisement des forêts et au renchérissement excessif de cette substance ?

XIV.

Industrie cotonnière.

Le cotonnier est certainement l'une des plantes les plus précieuses que la bonté de Dieu ait mises à la disposition de l'homme, et il n'en est aucune qui, après les blés divers, donne lieu à une aussi grande masse de transports. Le commerce du coton occupe, en effet, des centaines de navires et *on n'évalue pas à moins de 4 milliards de francs la somme annuelle que représente l'industrie cotonnière dans le monde entier.* Nulle autre matière ne reçoit du travail qui la façonne une augmentation aussi considérable : elle nous arrive au prix moyen de 1 fr. 25 c. à 1 fr. 50 c. le kilogr. Mise en œuvre, filée et tissée, on peut en évaluer le prix moyen à 5 fr. Néanmoins, le coton demeure toujours la moins chère des substances textiles, ce qui explique pourquoi il tend à remplacer toujours davantage le lin et le chanvre, qui ont pourtant sur lui d'incontestables avantages au point de vue de la qualité, de la beauté et de la solidité.

Le coton se présentait à l'Exposition sous toutes les formes imaginables. Plusieurs contrées nous avaient envoyé des *plantes* encore surmontées de leurs feuilles, et des *capsules* renfermant les graines ensevelies dans une touffe de ce que nous appelons coton. Ailleurs, c'étaient *des bobines et des écheveaux de coton filé* à tous les degrés, depuis les numéros les plus bas (1 à 6), qui ne servent qu'à la confection des mèches à chandelles, jusqu'aux numéros les plus élevés (tels que le 300, ainsi nommé parce qu'on peut en tirer 300,000 mètres d'un demi-kilogramme); numéros, il est vrai, tout-à-fait exceptionnels, car la plupart de nos fabriques se contentent, pour la grande masse de leurs articles, de fils allant du n° 12 au n° 80. Et parmi les *tissus de coton,* quelle variété infinie d'articles, depuis l'indienne qui se vend 30 centimes le mètre jusqu'aux mousselines et aux tulles du prix le plus élevé! Ici s'étalent les *tulles* à la mécanique de Calais, que fabriquent plus de six cents métiers mus à la vapeur dans de grandes usines, et qui produisent un mouvement d'affaires de 14 ou 15 millions de francs par année. Ailleurs sont des tulles analogues de la ville de Nottingham (Angleterre), qui ne compte pas moins de trois mille cinq cents métiers, et où le chiffre des affaires annuelles, dans ce genre d'industrie, s'élève à plus de 100 millions. Parmi les fins tissus de coton, nous rencontrons encore les *mousselines brodées d'Appenzell et de Saint-Gall,* en Suisse, faisant concurrence aux broderies analogues d'une ville française, Tarare ; les *batistes*, *gazes*, *percales* et autres tissus légers de Saint-Quentin, etc. Dans les tissus plus ordinaires, nous avons les *indiennes* bon marché de Manchester et de Rouen, les *mousselines*, *jaconas*, *toiles peintes de Mulhouse*, *de Glasgow*, et d'une foule d'autres cités industrielles, des étoffes pour tous les goûts et pour toutes les bourses, des moyens infinis de se vêtir proprement et à peu de frais. La France, pour sa part, fabrique plus de 100 millions de mètres d'indienne par année; l'Angleterre, 500 millions; viennent ensuite les Etats-Unis et la Suisse, qui en fabriquent des quantités fort considérables aussi.

Le coton, comme nous l'avons dit, est le duvet floconneux, long, fin et soyeux, de couleur blanche, jaune ou rougeâtre, dans lequel les graines du cotonnier sont ensevelies jusqu'au moment où les gousses qui les renferment sont parvenues à l'époque de leur maturité. En automne, elles s'ouvrent et on se hâte de recueillir le coton. La récolte se fait ordinairement le matin, pendant que la rosée humecte encore les végétaux, afin que les feuilles qui se dessèchent par la chaleur du jour ne se brisent et ne tombent pas par fragments parmi le coton. Celui-ci est placé dans des sacs de toile, emporté à la maison, puis exposé au soleil sur des draps, afin de le bien sécher. Si des pluies prolongées arrivent, on dessèche le duvet dans des fours; mais la qualité en souffre un peu. Pour séparer les graines du coton, on fait passer l'ensemble entre des cylindres assez rapprochés pour que les graines ne puissent pas passer et tombent par terre. Le coton est ensuite emballé dans des sacs de toile, où on le presse autant que possible, à l'aide de machines ou autrement, et il est finalement livré au commerce.

Dès la plus haute antiquité, le coton a été employé dans l'Inde et en Egypte; en Amérique on a remarqué que des manteaux de momies péruviennes étaient en

coton, et l'on sait que les premiers con-
quérants espagnols qui s'établirent dans
ce nouveau continent trouvèrent partout
le cotonnier en pleine culture. Ce ne fut
cependant que vers la fin du siècle passé
que le coton entra dans le commerce
comme objet d'échange important. La variété que nous appelons *Géorgie longue
soie*, et les Anglais *soie des îles* (island
silk), la plus belle de toutes les variétés connues, était cultivée dans la Caroline du Sud (États-Unis) dès 1790. Et,
chose bien singulière et intéressante, le
champ où fut tenté le premier essai de
culture de cette variété, renfermait la
place même où une colonne de pierre,
qui devait rappeler la prise de possession
de ce pays au nom de la France, fut
élevée en 1562 par Jean Ribault, hardi
capitaine français qui, parti de Dieppe
avec deux navires, avait été chargé par
Coligny, avec la permission du roi Charles IX, d'aller fonder une colonie protes-
tante dans la Floride ou sur les côtes du

voisinage, colonie bientôt oubliée et abandonnée, et dont il ne resta d'autre trace
que le nom du roi de France donné à ce
pays, *la Caroline.* Or, c'est de ce champ
même que le gouvernement français, ces
dernières années, a tiré les graines qui
ont permis à l'Algérie de récolter les magnifiques échantillons de coton longue soie
qui étaient exposés en si grande abondance au Palais de l'Industrie, et qui
semblent promettre à notre colonie de si
riches ressources à l'avenir, si elle peut
parvenir à le fournir à aussi bas prix que
les Etats méridionaux de l'Union américaine.

Le premier pays producteur du coton,
c'est en effet aujourd'hui l'Union américaine, et aucun autre genre de culture
n'a jamais présenté un pareil exemple de
développement rapide et de progrès non
interrompus. En 1747, sept balles seulement furent expédiées de Charlestown en
Angleterre ; et lorsque, en 1784, le
même port envoya soixante et onze balles

nouvelles, c'est-à-dire 8 ou 9,000 kilogrammes, la cargaison fut saisie comme contrebande, sous prétexte qu'il était tout-à-fait impossible que l'Amérique eût produit une aussi grande masse de coton. Mais déjà en 1791, le total des exportations des Etats-Unis était d'environ 86,000 kilogrammes; en 1795 il s'éleva à 3 millions de kilogrammes; et maintenant on ne l'estime pas à moins de 600 millions de kilogrammes évalués à plus de 600 millions de francs, c'est-à-dire que l'exportation américaine est au moins *sept mille fois plus grande qu'il y a soixante ans.* Alors on filait à la main, et cinq cents fileuses ne faisaient pas ce que trois personnes exécutent sans peine, grâce aux inventions mécaniques d'Arkwright et Hargreaves. On tissait aussi à la main, et aujourd'hui les étoffes les plus fines peuvent être confectionnées mécaniquement, au point qu'on voyait à l'Exposition des mousselines faites avec des filés dont 300,000 mètres, comme nous l'avons dit, ne pèsent qu'un demi-kilogramme. Aussi, des indiennes qui coûtaient, il y a trente ans, de 3 fr. 50 à 7 fr. le mètre, se donnent à 60 ou 70 centimes, et l'Angleterre, qui ne produisait en 1750 que cinquante mille pièces, et à la fin du siècle un million, est arrivée actuellement à en produire vingt millions de pièces, soit plus de 500 *millions de mètres par an, c'est-à-dire de quoi faire douze fois et demi le tour de notre globe terrestre!*

Les Etats-Unis ne sont pas le seul pays producteur de coton. Dans le courant de 1853, où ils figuraient, avons-nous dit, pour près de 600 millions de kilogrammes, l'Egypte en a produit 31 millions; les Indes orientales, 30; le Brésil, 25; divers autres pays, 6. Néanmoins, on demeure effrayé à la pensée des milliers et des milliers d'individus qui se trouveraient privés de travail et de pain, sur le continent et surtout en Angleterre, si une guerre avec les Etats-Unis venait à suspendre l'exportation de cette masse énorme de coton qui nous arrive chaque année de l'autre côté de l'Atlantique ; preuve nouvelle, mes chers amis, du besoin que les peuples ont les uns des autres, et des avantages que la paix procure à tous, aux nations comme aux individus, aux grands pays comme aux petits.

XV

Les dentelles et l'industrie du lin.

Malgré l'invasion de plus en plus générale de la dentelle de coton et des tulles
unis, façonnés, brochés et brodés, dont
le travail s'est perfectionné au point qu'ils
peuvent rivaliser en apparence avec les
plus belles dentelles en fils de lin, la production de celles-ci n'a nullement diminué. Grâce à l'intervention des machines,
qui permettent de donner les dentelles
de coton à 3 centimes le mètre, l'usage
de ces tissus légers et gracieux est devenu
universel ; mais la belle fabrication des
dentelles à la main a conservé toute son

importance, et continue à être une ressource pour les paysannes de certaines contrées pauvres de la Belgique, de la France et de la Suisse. Les machines sont, en effet, hors d'état de pouvoir exécuter tous les chefs-d'œuvre de l'habileté féminine que produisent les jeunes filles des Flandres ou les ouvrières lorraines, à Nancy, dans les Vosges et dans la Moselle, chefs-d'œuvre dans lesquels elles ne sont surpassées que par les ouvrières suisses de Saint-Gall et du canton d'Appenzell, dont les rideaux de tulle brodés au crochet, et certains autres grands sujets brodés sur mousseline, batiste et tulle, ont fait l'admiration universelle des visiteurs de l'Exposition.

Mais laissons les dentelles de coton et revenons aux vraies et antiques dentelles, celles en fil de lin, dont on pourra peut-être essayer de se représenter l'incroyable degré de finesse, quand on saura qu'avec un kilogramme de lin on peut en fabriquer pour une valeur de plus de

10,000 francs. Dans ce genre de fabrication, la Belgique brille au premier rang et a conservé tout l'éclat de son antique renommée ; l'on ne peut rien voir de plus séduisant comme goût, comme élégance et comme exécution que les riches étalages des fabricants de Bruxelles et des Flandres. Mais la France suit de bien près, si elle n'égale la Belgique ; aussi, c'est des dentelles françaises que nous voudrions vous entretenir particulièrement.

A en croire les renseignements fournis à l'occasion de l'Exposition de Londres par M. Aubry, l'un des hommes les plus versés dans la connaissance de cette industrie, la valeur produite annuellement par la fabrication des dentelles françaises ne saurait être estimée à moins de 65 à 70 millions, chiffre qui représente à peu près la moitié de la fabrication de tous les autres pays producteurs de dentelles réunis.

Tous les tissus de ce genre sont fabriqués par des femmes (sauf en Flandre, où l'extrême pauvreté fait employer de jeunes garçons). Elles commencent dès l'âge de quatre ou cinq ans, et sont initiées ordinairement à cette industrie par leur aïeule, qui le plus souvent leur transmet son carreau à broder. Cela se passe ainsi dans la Normandie, l'Auvergne, la Flandre, la Picardie, la Lorraine, en tout une vingtaine de départements, dont celui de la Haute-Loire et celui du Calvados comptent le personnel le plus nombreux. A elle seule la dentelle d'Auvergne (au Puy et dans les montagnes voisines) occupe de cent trente à cent quarante mille ouvrières, et la dentelle de Normandie près de cent mille. Le nombre total des dentellières de France est d'environ trois cent mille.

Chaque espèce de dentelle est généralement spéciale à une localité déterminée. Si vous demandiez aux dentellières d'Auvergne de faire le point des dentellières d'Alençon, elles seraient aussi novices dans ce travail que des femmes qui n'auraient jamais manié un écheveau de fil.

Les genres nouveaux sont au nombre de six ou sept, en tête desquels nous placerons le *point d'Alençon,* qui figurait d'une manière si brillante à l'Exposition universelle, et qui constitue sans contredit la plus magnifique dentelle du monde entier, en même temps qu'elle est la plus chère. Il n'y a plus aucune autre dentelle en France, assure M. Audiganne, qui soit fabriquée en fil de lin; toutes les autres sont aujourd'hui en fil de coton. Ajoutons que le point d'Alençon exige des soins beaucoup plus minutieux qu'aucun autre. Il faut entourer chacun des jours du tissu avec du crin. Au lieu d'avoir des fuseaux chargés de fil et un carreau comme les autres dentellières, les ouvrières d'Alençon n'ont pour outil qu'une aiguille et une petite pince. Leur ouvrage, qu'elles peuvent exécuter debout ou assises, même en marchant, est étendu sur une feuille de parchemin.

Les *dentelles de Caen et de Bayeux* forment une deuxième division dans l'industrie qui nous occupe. On peut y rattacher aussi la *dentelle noire de Chantilly;* car les ouvrières du Calvados se sont approprié le genre de cette dernière fabrique, qui conserve cependant sa vieille réputation pour les articles de grand luxe. Les dentellières de ces deux villes confectionnent la dentelle blanche aussi bien que la dentelle noire; Bayeux, où s'est introduit le point d'Alençon, possède même la spécialité des grandes pièces en fil de lin, telles que les robes, les aubes, les châles, etc. La ville de Caen et la campagne environnante ont principalement pour domaine les dentelles et les blondes de soie, qui ont remplacé les anciennes dentelles noires et blanches en fil de lin.

Viennent ensuite les *dentelles de Valenciennes*, dont le siége principal est à Bailleul (Nord) et non plus à Valenciennes; c'est du reste un genre qui fleurit bien plus en Belgique que de ce côté-ci de la frontière. Viennent après cela les *dentelles de Flandre et de Picardie*, dont la fabrication a pour centre les deux villes de Lille et d'Arras; puis les *dentelles des Vosges* qui règnent surtout à Mirecourt, et enfin les *dentelles du Puy* et de l'Auvergne, qui sont les plus anciennes de France, et qui, comme nous l'avons dit, occupent un personnel plus nombreux qu'aucune variété du même groupe. Après avoir été longtemps renfermée dans le cercle d'articles très-communs, la fabrique du Puy s'est tout-à-coup réveillée de son engourdissement, et elle se montre aujourd'hui des plus actives et des plus entreprenantes.

Quoique l'industrie du lin soit très-ancienne en Europe, il s'en faut beaucoup que les produits en soient aussi importants et aussi variés que ceux du coton. La nature particulière des fibres de cette matière textile a opposé de beaucoup plus grands obstacles que le coton à l'emploi des machines. Aussi, quoique l'inventeur

de la fileuse mécanique soit un français,
M. Phil. de Girard, cette invention a
surtout profité aux Anglais, qui fabriquent par ces procédés nouveaux dix fois
plus d'étoffes de lin que nous n'en fabri-
quons nous-mêmes. Grâce aux encoura-
gements d'une société patronnée par la
reine, pour la culture et la préparation
du lin, cette production, qui n'occupait
en Irlande que quelques milliers d'acres,
s'y étend aujourd'hui sur plus de cent
mille.

Le pays qui, proportionnellement à
son étendue, marche au premier rang
pour la filature et le tissage du lin, c'est,
avons-nous dit, la Belgique, où le filage
se fait encore en grande partie à la main.
Au point de vue de la valeur des produits, la Grande-Bretagne et la France
sont à peu près sur la même ligne; mais
tandis que chez nous le travail de la filature se fait généralement à la main (car
nous ne comptons encore que trois cent
à trois cent cinquante mille broches fonc-

tionnant à la mécanique), les Anglais comptent actuellement plus d'un million cinq cent mille broches en mouvement, et ils exportent aujourd'hui du lin pour plus de 20 millions de francs par an. Toutes les nations, l'Allemagne, la Russie, les Etats-Unis, l'Espagne, ont été entraînées, bon gré mal gré, dans ce même mouvement, et la Suisse, l'une des dernières venues, n'est pas une de celles qui se distinguent le moins, particulièrement dans le tissage des articles façonnés.

XVI.

La *laine* est, après le coton, la matière industrielle qui produit les valeurs les plus considérables : environ 3 *milliards ou 3 milliards* $^1/_2$ *de francs par an.* On en voyait à l'Exposition des échantillons de tous les pays et de toutes les variétés et espèces, jusqu'à des *moutons empaillés* et couverts de leur toison, donnant une idée aussi exacte que possible de l'aspect, de la taille et du genre de laine de toutes les races ovines ayant quelque réputation. A côté de ces toisons de laine brute se trouvaient des *laines lavées,* des *laines filées,* et enfin, toutes sortes d'*étoffes* et de *tissus* formés de cette substance, soit pure, soit mélangée : *couvertures*, *draps*, *tapis*, *étoffes pour nouveautés, châles, cachemires*, etc. On pouvait de cette manière suivre l'histoire complète des transformations successives que peut subir la matière première, avant de donner naissance à tant de produits aussi variés que beaux.

Les tissus indiens ou de Cachemire tenaient évidemment le premier rang : les dessins et les couleurs de l'Orient ont un cachet d'originalité qui ne saurait être contesté. Après eux, ce sont les fabricants français imitant le genre de l'Inde qui ont obtenu les plus beaux succès. Les châles cachemires français, qui coûtent de 2,400 à 3,000, rarement 4,000 francs, arrivent à peine au quart du prix des châles de l'Inde, dont les plus riches sont fabriqués à Sreenugor (province de Cachemire) ou à Lahore. Le cachemire n'est pour ainsi dire pas de la laine, c'est un duvet, une espèce de poil doux et soyeux, qui croît sur la poitrine des chèvres d'une race particulière à l'Himalaya et au Thibet, et qu'on a vainement tenté d'acclimater dans notre pays. Cette sorte de laine nous arrive généralement à travers les steppes de la Russie d'Asie et par l'intermédiaire des peuplades tartares. Presque tous les convois se concentrent à la célèbre foire de Nijni-Nowogorod, au centre de la Russie, sur le Volga. Le cachemire se répand ensuite sur les marchés de Moscou et de Saint-Pétersbourg, d'où il est presque tout expédié en France. Rendue à sa destination, battue, épluchée, peignée, et enfin filée, cette matière qui, au point de départ, se vendait environ 6 francs le kilogramme, se trouve portée ordinairement à 50, 60 et 75 francs, selon la finesse du fil que l'on a obtenu.

Les laines exposées au Palais de l'Industrie formaient trois groupes distincts : les *laines longues* de l'Angleterre, les *lai-*

nes courtes de l'Allemagne, les laines intermédiaires de la France.

Les laines anglaises, comprenant une centaine d'échantillons, étaient généralement toutes des laines longues. Pour l'éleveur anglais, la production de la viande étant le principal, et la laine n'étant que l'accessoire, tous les soins donnés à la formation du mouton de boucherie nuisent à la finesse de la laine, et ont pour conséquence l'allongement du brin. En un siècle, ils ont doublé le nombre de leurs moutons (quarante millions de têtes actuellement), qui leur donnent deux fois plus de viande que les nôtres et qui peuvent être tués à un âge deux fois moins avancé. Quant aux laines courtes qui leur sont nécessaires, ils les tirent de leurs vastes colonies d'Australie, de Van-Diémen et du Cap de Bonne-Espérance, où les moutons mérinos se sont tellement multipliés qu'à l'heure qu'il est les fabricants anglais pourraient presque se contenter de la laine fine qu'ils tirent de leurs colonies. Ainsi, la quantité de laine que l'Angleterre demande aujourd'hui à l'Espagne est trente fois plus faible qu'elle n'était au commencement du siècle, et l'importation allemande est diminuée des deux tiers.

En France, sur une surface presque double de celle du sol anglais, nous n'élevons que quarante millions de têtes de moutons, nombre égal à celui que possède l'Angleterre ; d'un autre côté, la quantité de laine produite est beaucoup moindre ; et nos laines communes, qui forment les trois quarts environ de la production totale, sont très-inférieures aux laines longues anglaises. En revanche, nos fines laines mérinos ne sont inférieures qu'aux laines de l'Allemagne, et peuvent servir à la confection de fort beaux draps ; ce n'est que pour les plus fins que nous sommes nécessairement tributaires de la Saxe, de la Silésie et des autres contrées de l'Allemagne, où, par des soins constants et bien entendus, et en sacrifiant la viande à la laine, on est arrivé à donner à la toison des mérinos une régularité et une finesse qu'elle n'a jamais présentées nulle part ailleurs. En effet, en comparant les belles laines d'Espagne à ces laines allemandes, dont l'origine est pourtant espagnole, on sent de combien l'agriculture est restée en arrière de l'autre côté des Pyrénées. Sauf de rares exceptions, elles sont trop dures et trop communes pour être employées à la fabrication des draps de quelque prix, et maintenant c'est dans la Saxe que le gouvernement espagnol fait chercher les béliers mérinos à l'aide desquels il voudrait relever l'ancienne réputation de sa race ovine. En agriculture, comme dans toutes les autres branches du travail humain, le progrès n'est possible qu'à la condition d'efforts soutenus et intelligents, et nous devrions y bien prendre garde si, comme des fabricants l'affirment, nos belles laines mérinos de la Beauce, de la Brie et du Vexin perdent réellement d'année en année sous le rapport de la qualité.

C'est de la finesse de la laine que dépend la qualité des fils. Pour les étoffes de nouveauté d'été, on peut convertir 1 kilogramme de laine en un fil de 50 à 60,000 kilomètres de long. Pour les draps ordinaires, on se contente en général de 10 à 20,000 mètres par kilogramme.

La laine fait donc en grande partie le mérite du drap : le tissu, en effet, sera fin et serré si la laine est fine et de bonne qualité ; il sera gros et commun dans le cas contraire. De là, pour les manufactures qui veulent faire des draps de diverses qualités, la nécessité d'employer des laines de provenances diverses. En Espagne et en Portugal, tout aussi bien qu'en Angleterre, en Belgique et en France, ce sont des laines d'Allemagne seules qui sont employées à la fabrication des draps fins. Pour les draps ordinaires ou communs, chacun met ordinairement en œuvre la laine qu'il a sous la main. Nos fabriques du nord et de l'ouest emploient pour la confection de leurs draps demi-fins les laines de la Beauce, de la Brie et du Vexin; les fabriques du centre les laines du Berry et du Poitou, mélangées avec quelques autres; celles du midi, les laines communes, avec lesquelles elles font leurs draps à bon marché.

Une fois qu'il est tissé, le drap exige encore un bon nombre de préparations. Ainsi, il faut que la laine soit couchée à l'*endroit*, en exposant la surface du drap, préalablement mouillée, à l'action de chardons naturels ou de peignes métalliques convenablement disposés. En général, on emploie de préférence les chardons naturels connus sous le nom de *chardons de bonnetiers, chardons à fouler,* etc.; on les cultive pour cet usage dans le voisinage de presque toutes les villes de fabrique. — Après cela, il s'agit de tondre le duvet laissé au drap, comme aux couvertures de laine, par l'action des chardons. Cette opération se fait maintenant à la mécanique. Une nouvelle machine, *l'apprêteuse*, qui dispense de mouiller et de sécher alternativement le drap ou d'attendre le retour d'un temps sec pour le tondage, exécute actuellement ces deux opérations du *lainage* et du *tondage*, ou, comme on dit, des *apprêts*.

Nos beaux draps fins de Sedan et d'Elbeuf l'emportent sur ceux des autres nations pour la finesse, la perfection du tissu et la couleur ; nos étoffes pour nouveautés se distinguent également pour l'élégance et le bon goût des dessins ; mais l'Autriche, la Prusse, la Belgique, et même l'Angleterre, nous laissent bien loin en arrière sous le rapport du bon marché. Nos draps sont chers, et cela leur nuit considérablement sur les marchés étrangers, où ils ne peuvent soutenir la concurrence qui leur est faite.

XVII.

Les soieries et la production de la soie.

Les soieries, et en particulier celles de la ville de Lyon, formaient incontestablement l'une des parties les plus brillantes et les plus admirées de l'Exposition de 1855. Il est impossible, à moins de l'avoir vue, de se figurer à quel degré de magnificence et d'éclat cette industrie a pu être portée, jusqu'à quel point la richesse de la matière peut être encore rehaussée par la perfection du travail. Quelle splendeur dans ces velours, dans ces satins, dans ces brocarts, dans ces moires de toutes nuances, dans ces taffetas, dans ces foulards, dans ces crêpes, dans ces rubans splendides de Saint-Etienne, la succursale de Lyon ; dans ces draps d'or brochés de bouquets de soie, dans ces peluches pour chapeaux d'hommes, dont la ville de Tarare, près de Lyon, exporte à elle seule pour une valeur de 6 millions de francs par an ! Que d'efforts, que de soins, que de précautions pour arriver à une exécution aussi perfectionnée, aussi irréprochable ! Quel travail opiniâtre aussi et quelles privations de la part des ouvriers à qui nous devons tant de merveilles !

Cette brillante et fructueuse industrie, dans laquelle la France tient évidemment le premier rang, grâce surtout au bon goût inné et aux instincts d'élégance de ses dessinateurs et artistes, est devenue de nos jours l'objet de l'émulation universelle, et un grand nombre de nations ont tenu à honneur de nous faire connaître leurs plus remarquables produits. L'Angleterre, qui nous menace d'une concurrence sérieuse dans certains genres ; la Suisse et la Prusse, qui déjà l'emportent pour plusieurs tissus simples et unis ; l'Italie, l'Espagne, la Turquie, l'Inde, et enfin la Chine, nous ont exposé de fort intéressants échantillons de leur travail. Et ce ne sont pas seulement des soieries que l'Exposition nous a fait admirer en abondance ; elle renfermait en outre tous les éléments qui se rattachent à ce genre d'industrie : les œufs ou la graine du ver à soie, les cocons, les soies gréges et moulinées, les déchets et les bourres, etc., de manière à nous présenter réunis tous les matériaux de l'intéressante histoire du petit animal qui est le véritable artisan de la production de la soie.

Longtemps sans doute le ver auquel est due cette belle substance demeura à l'état sauvage, tissant ses cocons sur les mûriers et sur d'autres arbres sans que l'homme y fît attention. Aujourd'hui encore ces vers à soie sauvages se re-

trouvent en Chine sur une sorte de poi-
vrier qui abonde dans la province de
Canton. La soie qu'on en tire est dure ,
mais solide, et les tissus qu'on en obtient
peuvent se laver comme du linge. On ne
peut préciser à quelle époque le ver ordinaire devint en Chine l'objet de soins
particuliers; toutefois, nous savons que
vingt-six siècles avant notre ère on y
cultivait le mûrier, on y filait le cocon
et on y tissait la matière qui en provient.
De la Chine, cette industrie passa dans
l'Inde, puis dans la Perse, où elle reçut
des perfectionnements tout nouveaux.
Mais si ces étoffes étaient déjà remarqua-
blement belles, elles se vendaient encore
à des prix excessivement élevés , au
point qu'un empereur romain, Aurélien,
refusa pour ce motif d'en donner une
robe à l'impératrice, sa femme. Mais au
sixième siècle, sous l'empereur Justi-
nien, deux moines grecs, arrivant des
Indes, introduisirent à Constantinople ,
avec des œufs de ver à soie, l'art de les

élever et d'en tisser les produits. Ce voyage, s'il faut en croire la chronique, ne s'accomplit ni sans précautions ni sans difficultés : l'Asie défendait son secret, et pour dérober aux regards une proie si enviée, il fallut la cacher dans des bambous creux, et même la nourrir en chemin. De la Grèce, cette industrie se répandit de proche en proche en Sicile, en Italie et dans tout l'Occident.

Le ver qui produit la meilleure qualité de soie est celui qui est nourri avec les feuilles du *mûrier blanc* ou *mûrier de Chine*, dans toutes ses variétés ; mais le mûrier des plaines, venu sur des terres grasses et fertiles, est inférieur comme aliment au mûrier des plateaux, qui croît dans un sol sec et léger. C'est ce qui donne aux soies des Cévennes une supériorité incontestable, et leur assure la préférence, même à des prix plus élevés.

« Rien de plus attrayant, dit M. Reynaud (*Revue des Deux-Mondes*), que l'aspect des villages cévenols au moment de

la formation de la soie. Il y règne une activité, une ardeur dont aucune autre
branche de l'art agricole ne saurait donner une idée. Six semaines seulement séparent l'éclosion du ver de la récolte des
cocons ; mais comme elles sont bien remplies, les dernières principalement ! Vers
le milieu d'avril, la besogne commence ;
elle cesse vers la fin de juin. Dans cet in-
tervalle, la population est constamment
sur pied ; point de limites fixes pour les
journées ; à peine songe-t-on au sommeil
et au repos. On dîne debout, presque
toujours avec des vivres froids, les femmes étant trop occupées pour veiller à
leur cuisine ; l'essentiel, c'est que le ver
ne souffre pas, qu'il ait des aliments frais
quatre fois par jour, ainsi que les soins
de propreté qui lui sont indispensables.
A ces opérations variées, tous les bras du
ménage, forts ou faibles, doivent con-
courir et trouver un emploi largement
rétribué. Les jeunes garçons aident à
cueillir les feuilles ; les jeunes filles aident

leurs mères dans les soins à donner aux vers. On dirait que le pays tout entier ne vit et ne respire que pour ces petits animaux ; c'est une véritable fièvre, dont les citadins eux-mêmes ne sont pas entièrement affranchis, car les affaires se ressentent partout de la grande préoccupation du moment. »

Les vers à soie, dont il a été compté jusqu'à trente familles, vivent à peine cinquante jours, et, durant cette courte existence, ils passent rapidement à travers les plus merveilleuses métamorphoses. Ces insectes sortent au printemps d'œufs extrêmement petits, qu'on a eu soin d'exposer à un même degré de chaleur, afin que l'éclosion de tous ces œufs se fasse en même temps. Le ver est d'abord très-imparfait, privé du sens de la vue, et n'ayant d'autre instinct que celui de reconnaître les feuilles de mûrier, dont il se nourrit avec voracité, et de distinguer celles qui sont fraîchement cueillies de celles qui sont flétries ou desséchées. Il se développe rapidement ; mais il réclame des soins constants et minutieux. Plusieurs fois il change de peau ; enfin arrive le moment où l'appareil soyeux que le ver recèle dans son intérieur, va distiller la matière gommeuse qu'il contient. L'animal fait sortir de son corps un fil d'une finesse extrême, long de 800 à 1,500 mètres, dont les deux tiers seulement sont susceptibles d'être dévidés. Cette opération prend à peu près quatre jours d'un travail continu, et aboutit à la formation d'un *cocon* ou enveloppe de fils soyeux, dans laquelle, à peine âgée de vingt-huit jours, la chenille s'enferme pour mourir, ou du moins pour se transformer en *nymphe* ou *chrysalide*. Quinze ou vingt jours après, devenu *papillon* (de l'espèce des papillons de nuit), l'animal quitte sa demeure, où il laisse sa double dépouille de larve (ou chenille) et de nymphe, et meurt au bout de huit à dix jours, qu'il passe sans prendre de nourriture, sans même essayer ses ailes brillantes. Aussitôt que la femelle a déposé ses œufs, dont le nombre varie de 300 à 700, et qui éclôront à leur tour l'année suivante, la génération présente se dessèche et dépérit en deux ou trois jours. Mais on ne laisse arriver qu'un petit nombre de vers à l'état de papillon, parce que ceux-ci, pour sortir du cocon, brisent et endommagent le tissu soyeux : la plus grande partie des chrysalides sont donc étouffées dans leur prison au moyen d'une forte chaleur.

Les fils dont se compose cette enveloppe soyeuse sont si ténus que, pour les utiliser dans ce qu'on appelle bien mal à propos des *filatures de soie*, il faut nécessairement joindre deux, trois, quatre, jusqu'à douze fils ensemble, suivant la grosseur qu'on veut donner à la soie. Les cocons sont plongés dans des bassins d'eau chaude, où on les bat quelques instants avec un petit balai de bruyère, pour décoller les filaments et les enrouler ensuite sur des dévidoirs. Depuis quelques années

cependant, les petits ateliers domestiques pour le dévidage de la soie ont généralement fait place partout à de vastes
usines, où la vapeur met en mouvement
plusieurs centaines de bassines et autant
de dévidoirs, et dans lesquelles on ap-
porte presque tous les cocons de la contrée environnante. Mais l'emploi des machines, au lieu de supprimer le rude
labeur de l'homme, l'a augmenté en le
modifiant. On occupe aujourd'hui plus de
bras dans ces vastes usines qu'on n'en
occupait dans les mille ateliers d'autrefois. Seulement le travail a changé de
nature : les femmes et les jeunes filles
qui tournaient la roue du dévidoir ont
passé à la filature; au lieu de 1 franc,
elles gagnent aujourd'hui 1 franc 50 centimes.

Au sortir de la filature, la soie doit
passer par l'*ouvraison* ou le *moulinage*,
opération qui consiste à réunir plusieurs
fils de soie grége en un seul, à les tordre
et à les mettre en écheveaux; quand ils

ont subi cette préparation, ils changent de nom et s'appellent des *organsins*. La difficulté principale consiste à éviter la rupture des fils, et à les rattacher adroitement quand ils viennent à se briser. En France, le siége principal de cette industrie est dans l'ancien Vivarais, actuellement département de l'Ardèche, où de nombreuses chutes d'eau facilitent l'établissement d'usines de tout genre, et qui se trouve placé à égale distance entre les pays producteurs de la soie, le Gard, Vaucluse, la Drôme, et la grande cité industrielle qui en fait la plus vaste consommation, la ville de Lyon.

L'éducation du ver à soie, appelé aussi *magnan* et *bombyx*, est extrêmement chanceuse et difficile ; mais elle donne cependant en définitive d'assez beaux profits. Les établissements qui y sont consacrés portent le nom de *magnaneries*. Ils doivent être vastes, propres, bien aérés, tenus à une température uniforme. Il faut que les jeunes chenilles y trouvent en abon-

dance des feuilles fraîches sans être humides, et plus tard des rameaux secs pour
y suspendre leurs cocons. Malgré toutes
ces précautions, les bombyx sont exposés
à un grand nombre de maladies, qui les
font périr par milliers, au grand chagrin
de l'éleveur. Une once d'œufs, ou, comme
on s'exprime improprement, de *graine*,
produit en moyenne 40 kilogrammes de
cocons, et 3 kilogrammes seulement de
soie.

La France est, après l'Italie, la contrée
de l'Europe qui fournit le plus de soie.
Notre agriculture en produit pour environ 250 millions de francs; c'est un peu
plus de la moitié de la soie que nos fabriques transforment en tissus magnifiques,
dont les deux cinquièmes sont exportés
en pays étrangers. On ne cesse de per-
fectionner les procédés pour la production
de la soie, de même que ceux qui se rap-
portent à l'art de la transformer en étoffes
brillantes. C'est ainsi qu'on s'occupe en
ce moment des moyens d'acclimater di-

verses variétés de vers, originaires de l'Inde ou de la Chine, et qui, moins délicats que le bombyx du mûrier, pourraient, assure-t-on, être nourris de feuilles de ricin, de feuilles de chêne, et même de celles des choux de nos jardins. Un avenir très-prochain nous montrera si ces essais doivent aboutir à une production beaucoup plus considérable de soie, et par conséquent à une baisse notable dans les prix.

XVIII.

Une locomotive en ivoire sculpté.

Parmi les divers chefs-d'œuvre de patience et d'art qui se sont montrés à nous pendant la durée de l'Exposition, nous avons admiré particulièrement toute une locomotive à vapeur, avec ses roues, sa machine, ses cheminées, délicieux travail pour lequel on dirait que la matière s'est assouplie, afin de se contourner et de se laisser plus facilement tailler. C'était vraiment une petite merveille, dans laquelle tous les détails étaient également fins et gracieux. Les deux grandes roues ont dû surtout présenter de vraies difficultés à vaincre ; elles sont en effet cannelées sur leur surface extérieure, et chaque cannelure est formée d'un tube cylindrique percé à jour dans sa longueur et séparé des autres. Tout le reste est traité avec non moins de soins, et l'ensemble présente un charmant effet.

L'auteur de ce prodige d'adresse exposait encore une colonne d'ivoire semblable à la jolie tourelle, connue dans le parc de Saint-Cloud, sous le nom de *lanterne de Diogène ;* elle servait de support à un baromètre suspendu au centre du petit monument. — Un autre exposant avait entouré deux miroirs à toilette, ovales, de guirlandes d'un travail inimaginable : l'une composée de feuilles de vigne et de raisins ; l'autre formée de roses, de marguerites, de muguets, si bien rendus, si distincts, qu'il était impossible de s'y tromper. Enfin, l'exposition suisse présentait, dans le genre qui nous occupe, plusieurs chefs-d'œuvre de patience et d'art, entre autres des tableaux ravissants, représentant des vues des Alpes, avec des sapins, des châlets, des animaux et des hommes, le tout découpé en relief, avec une finesse, une grâce et une perfection admirables, et reproduisant jusqu'aux plus minutieux détails.

L'Inde avait exposé en ivoire des choses fort curieuses : des chevaux traînant au pas de course des chars immenses; douze hommes portant un palanquin, dans l'intérieur duquel une femme était couchée; deux longues embarcations montées d'un nombreux équipage de rameurs, avec un dais, sous lequel reposaient le maître et sa jeune épouse ; enfin, des éléphants, des dieux à quatre et à huit bras, etc.

Mais la plupart de mes jeunes lecteurs ignorent ce que c'est que l'ivoire, et désirent que nous en parlions avec quelques détails. L'ivoire est la substance osseuse qui constitue les défenses ou dents d'éléphant. Comme elle est susceptible de recevoir un très-beau poli, on l'emploie

pour faire une foule d'ouvrages délicatement sculptés : des statuettes, des éventails, des couteaux à papier, des dents
artificielles, toutes sortes de joujoux et
d'ornements d'une délicatesse extrême.
Cette industrie fait depuis des siècles la
spécialité de la ville de Dieppe, dont les
hardis navigateurs s'en allaient secrète-
ment prendre des cargaisons d'ivoire sur
les côtes de Guinée, bien avant que les
Portugais fissent la découverte de ce pays.
Aujourd'hui cependant le travail de l'ivoire
est vivement disputé à Dieppe par la ville
de Paris.

Les défenses d'ivoire brut sont connues
sous le nom de *morfil.* On en trouve
d'énormes, qui ont jusqu'à 8 et 9 pieds
de longueur, et pèsent jusqu'à 150 livres.
La plupart des dents d'éléphant viennent
d'Afrique, surtout de la côte de Guinée ;
il en arrive aussi du cap de Bonne-Espérance, des Indes orientales, de l'Indo-
Chine et de l'île de Ceylan. Le morfil
diffère de blancheur, de dureté, de faci-

lité à se polir, selon le pays d'où il vient, c'est-à-dire selon la race d'éléphants qui l'a donné. Il est blanc et tend à jaunir, s'il vient de l'Inde ; il est rosé et tendre, s'il vient particulièrement de Ceylan ; Siam en donne aussi de fort beau. Il est blanc, verdâtre, fin et lourd, s'il est fourni par les éléphants aux longues défenses de la côte de Guinée ; c'est le plus estimé de tous ; il blanchit en vieillissant, tandis que tous les autres jaunissent.

Une autre espèce de morfil, dont l'origine est bien étrange et encore entourée de mystère, c'est celui qui se trouve au nord de la Sibérie, enfoui dans la terre et formant des couches plus ou moins épaisses, dans lesquelles il est mélangé avec toutes sortes d'ossements d'animaux, presque tous gigantesques, dont plusieurs ne se rencontrent plus à la surface de notre globe, et dont les autres sont d'espèces inconnues, se rapportant à des genres, tels que les rhinocéros et les éléphants, qui n'existent plus maintenant que dans les contrées les plus chaudes. D'où peut provenir cette masse d'ossements dans ces îles et parages glacés de l'Asie la plus septentrionale? Dira-t-on que ce sont des débris d'animaux qui vivaient avant le déluge, et qu'un grand bouleversement de ce genre a détruits et entassés dans ces lointaines régions? Mais quelques-uns de ces animaux, rhinocéros, éléphants, ont été retrouvés à l'époque actuelle (en 1770 et 1800), pris et gelés dans les glaces, et encore si bien conservés que des chiens, en les découvrant, se sont précipités sur ces cadavres pour les dévorer. De plus, ces animaux étaient couverts d'une fourrure épaisse et soyeuse, assez abondante pour les préserver du froid, et qui montre qu'ils avaient été organisés pour vivre dans les régions où on les a trouvés. — Et si ce n'est pas un grand bouleversement comme le déluge qui a poussé et accumulé dans le nord de la Sibérie ces masses d'ossements, comment expliquer la présence d'une quantité de débris aussi considérable? comment surtout expliquer la présence des restes de *mammouths* (genre d'éléphants fossiles plus grands que les éléphants actuels, dont ils diffèrent légèrement), et de tant d'autres animaux qui sont tous bien antérieurs au déluge?

Quoi qu'il en soit de cette difficile question, les fouilles pratiquées depuis longtemps dans les petites îles de la Nouvelle-Sibérie et sur diverses parties du continent lui-même, ont amené la découverte d'une très-grande quantité d'*ivoire fossile*, parfaitement conservé, très-fin et lourd, et qui est livré au commerce sous le nom d'*ivoire vert*, parce qu'il est d'une couleur blanche légèrement verdâtre. On l'emploie aux mêmes usages que l'ivoire des éléphants actuels. Parfois ces défenses de mammouths sont gigantesques : on en cite qui avaient plus de 12 pieds de longueur.

Une troisième espèce de morfil, ce sont les défenses du *morse*, grandes dents de

1 à 2 pieds de longueur et dirigées du haut en bas, qui protégent la mâchoire supérieure d'une grande espèce de *phoque* longue de 12 à 15 pieds; les dents du *narval*, longues de 6 à 9 pieds, droites, sillonnées en spirale, placées à l'extrémité de la mâchoire supérieure d'un animal presque aussi grand que le précédent; enfin, les dents d'*hippopotame*, qui présentent aussi un bel ivoire et sont employées à fabriquer des dents artificielles.

Une quatrième espèce d'ivoire qui diffère tout-à-fait des autres, c'est l'*ivoire végétal*, appelé aussi *noix de Tagua*, et qui est le fruit du *phylétéphas* des botanistes. Ce fruit, d'une extrême blancheur, durcit extrêmement après avoir été cueilli, et l'on peut en confectionner une foule d'objets très-élégants; seulement, ces fruits sont de dimensions trop restreintes pour acquérir jamais une grande importance commerciale, et cet ivoire a le sensible inconvénient de se ramollir sous l'influence de la chaleur. L'industrie de Saint-Claude (montagnes du Jura), cette grande tailleuse de buis, de bois, de corne et d'os, s'est emparée de cet ivoire facile à couper ; elle en fait des cassolettes en forme de poire, et toutes sortes de petits objets de fantaisie.

Chacun connaît la dureté de l'ivoire ; néanmoins on a maintenant des machines qui le découpent avec la plus grande précision. De plus, on est parvenu, grâce à la mécanique, à dérouler la défense de l'éléphant, après l'avoir fendue dans le sens de sa longueur, et à l'utiliser tout entière ; c'est ainsi qu'on a pu exposer une feuille d'ivoire, mécaniquement déroulée, et qui n'avait pas moins de 6 pieds de long sur environ 2 de large. Enfin, on est parvenu depuis quelques années à fondre l'ivoire et à le réduire en une pâte liquide qu'on peut couler sur des bas-reliefs et des sculptures de toutes dimensions, de manière à reproduire le modèle avec une parfaite exactitude et dans ses détails les plus délicats. C'est ainsi qu'on vient de reproduire en ivoire liquéfié et avec le plus grand succès, les belles boiseries sculptées du chœur de l'église de Notre-Dame, à Paris. Cette invention pourra certainement rendre dans la suite de grands services.

XIX.

Mystérieuse origine des nids dont se régalent les Chinois.

Parmi les nombreux trophées exposant les produits divers des nations lointaines ou des colonies européennes établies dans d'autres parties du monde, il n'en est guère qui m'aient intéressé à un aussi haut degré que celui de Java et des autres possessions hollandaises dans la mer des Indes. On y voyait étalées en effet les productions les plus remarquables et les plus diverses, dont quelques-unes même ne se rencontraient nulle part ailleurs. Ici, des tonneaux de noix muscades, avec ou sans leur macis ; là, des clous de girofle arrangés de manière à former des corbeilles ou des cassettes fort originales ; plus loin, c'était de la cochenille, du fil d'ananas, des racines de gingembre, des bottes ou plutôt des fagots d'écorce de cannelle, d'énormes coquillages aux plus splendides couleurs, du café, du sucre, toutes sortes de variétés de thé, des blocs de gomme élastique et de gutta-percha, du benjoin et d'autres racines odoriférantes, du sandal et autres bois précieux, du tripang, ces vers de mer si recherchés des Chinois, et bien d'autres choses dignes d'intérêt et capables de retenir longtemps les visiteurs désireux de s'instruire.

Mais la merveille que nous avons remarquée entre toutes, et sur laquelle une discussion savante, au sein même de l'Académie des sciences, a attiré récemment l'attention publique, c'étaient des *nids* de la petite hirondelle de mer connue sous le nom de *salangane*, nids qui sont le mets de prédilection des gourmets chinois, et qui passent pour avoir des propriétés merveilleuses à l'effet de restaurer les constitutions affaiblies ou épuisées.

On recueille ces nids dans les diverses îles situées au nord de l'Australie, et surtout à Java. Les salanganes ou *alcyons* les construisent pour l'ordinaire dans les cavernes qui bordent le rivage, et ce n'est le plus souvent qu'au péril de leur vie, et en rampant avec peine dans les fentes des rochers ou au fond de sombres excavations, que de pauvres malheureux Chinois parviennent à se procurer ce produit renommé; encore faut-il qu'ils réussissent à les enlever avant que les petits alcyons soient éclos : sans cela les nids n'auraient presque pas de valeur. Ils se vendent habituellement environ 150 francs le kilogramme à Java; mais, transportés en Chine, ils acquièrent un prix beaucoup plus considérable. On prétend qu'il s'en exporte dans ce pays pour environ 12 millions par an.

5.

Jusqu'à ce jour, Cuvier et les naturalistes les plus éminents avaient cru que ces nids étaient essentiellement formés d'algues marines très-délicates, plantes que l'oiseau réduisait en une pâte visqueuse ou gelée, qui, en se durcissant, constituait son nid. Mais en étudiant plus attentivement quelques fragments de cette matière, qui lui avaient été donnés par un des exposants de Java, un savant, M. Trécul, a été conduit à reconnaître que l'opinion de Cuvier et des naturalistes était complètement erronée, et qu'il fallait plutôt donner raison à celle des pêcheurs du pays, qui prétendent que ces nids sont essentiellement formés d'une humeur visqueuse particulière, qui coule spontanément du bec des hirondelles à l'époque où elles doivent pondre leurs œufs. Ce qui est certain, c'est qu'on n'y a pas aperçu vestige de ces algues ni d'aucune autre matière végétale, et quand on les a exposés à la chaleur ils n'ont produit que des vapeurs ammoniacales, signe évident de la présence de matières purement animales. Un autre argument à l'appui de l'opinion des pêcheurs javanais, c'est que, dans nos propres climats, les *martinets noirs*, fort analogues aux alcyons ou salanganes de l'Orient, émettent également par le bec un fluide visqueux qu'ils font servir à l'édification de leurs nids.

Voilà certainement une révolution étrange dans la manière d'envisager un produit déjà par lui-même assez merveilleux. L'avenir nous apprendra si c'est bien là le dernier mot de la science sur ce sujet intéressant. En attendant, nous laisserons, j'espère, les Chinois se livrer seuls à ce genre de luxe ridicule, et nous nous contenterons de mets plus simples au milieu de cette variété infinie de produits que la bonne Providence a mis à moins de frais à notre disposition, nous souvenant que la simplicité et la sobriété dans l'alimentation doivent être les dispositions habituelles de tout homme qui

comprend le sérieux de la vie et qui
désire faire un bon usage des biens de
Dieu.

XX.

Un nouveau fléau qui menace la France.

Au nombre des curiosités du Palais de l'Industrie, je dois signaler un singulier registre venant de la préfecture ou de l'arsenal de La Rochelle, et qui était complètement percé et rongé par les *termites,* ces insectes dont les mœurs industrieuses ressemblent si fort à celles des fourmis, qu'on les désigne le plus habituellement sous le nom de *fourmis blanches,* bien que ces deux espèces d'animaux soient distinctes et ne doivent pas être confondues les unes avec les autres. Bien peu de mes lecteurs savent, sans doute, que ces dangereux insectes, dont les ravages

sont si redoutés dans les pays chauds,
sont maintenant naturalisés sur un point
de la France, et que jusqu'à ce jour les
efforts de la science ont échoué pour les
extirper. Importés probablement de Saint-
Domingue, vers 1780, dans des caisses
de marchandises, ils se sont répandus
dans plusieurs des villes de la Charente-
Inférieure, qui en sont infestées. A La
Rochelle, ils sont établis à la préfecture
et à l'arsenal, où ils rongent et minent
tout, pratiquant leurs galeries souterraines (ou du moins couvertes) de la cave
au grenier. Un jour, on trouva les archi-
ves du département rongées en entier, et
cependant les insectes n'avaient pas laissé
percer au dehors la moindre trace de dé-
gât, respectant la feuille supérieure et le
bord des feuillets, si bien qu'un carton qui
n'est plus rempli que de débris informes,
vous paraîtra renfermer des liasses de
papiers en bon état. Des vapeurs de chlore
semblent un moyen efficace pour la des-
truction de ces bêtes malfaisantes, mais

ce remède ne paraît pas toujours facile à appliquer.

Dans les régions d'où les termites sont originaires, l'Afrique centrale et méridionale, l'Amérique intertropicale, le sud-est de l'Asie et l'Australie, ces animaux ont des habitudes, des mœurs et un genre de vie fort dignes d'attention et d'intérêt. Ils se construisent des huttes coniques, de 12 et même 15 pieds de hauteur, dimension énorme, si on la compare à la taille de ces insectes ; en effet, c'est plus pour eux que ne serait pour nous un monument qui aurait cinq ou six fois la hauteur de la plus grande des pyramides d'Egypte. Ces huttes, construites en terre, sont si solides qu'un homme peut y monter sans les écraser, et lorsqu'elles sont réunies en grand nombre sur le même point, de loin on les prendrait pour les huttes d'un village d'indigènes. Et l'intérieur de ces habitations n'est pas moins remarquable que le dehors. Au centre est la chambre du roi et de la reine ; tout autour sont les nourriceries, où sont déposés les œufs et les larves, et enfin les magasins, toujours bien approvisionnés de gommes ou du suc épaissi de certaines plantes. Les cloisons de ces diverses cellules sont, les unes en terre, les autres faites avec des parcelles de bois, unies au moyen de gommes. Des galeries spacieuses font communiquer ensemble les diverses parties de l'édifice, et s'étendent souvent assez loin au dehors ; car, chose remarquable ! les termites ne travaillent jamais à découvert, mais toujours sous des galeries souterraines plus ou moins longues.

Chaque communauté se compose d'individus qui présentent cinq différentes formes : des *mâles* et des *femelles*, pourvus d'ailes ; des individus neutres qui en sont privés, et sont connus sous le nom de *soldats* ; des *larves*, privées d'ailes et d'yeux, mais qui ressemblent aux mâles et aux femelles ; et enfin les *nymphes*, qui ressemblent aux précédentes, mais qui présentent des rudiments d'ailes. Les individus de ces deux dernières catégories, désignés du surnom d'*ouvriers*, sont chargés de toutes les constructions et de tous les travaux, comme aussi d'apporter la nourriture aux autres habitants de la colonie et de soigner les œufs. Quant aux *soldats*, qui sont cent fois moins nombreux que les ouvriers, ce sont eux qui sont chargés de défendre la communauté. On les distingue à leur tête plus forte et plus allongée, et à leurs mandibules propres à percer leurs ennemis. Ce sont eux qui se présentent les premiers dès qu'on fait une brèche à l'habitation commune, et ils pincent les agresseurs avec tant d'acharnement qu'on leur arrache la partie inférieure du corps plutôt que de leur faire lâcher prise.

Pour ce qui est des *mâles* et des *femelles*, on insectes parfaits, ils se distinguent par quatre ailes transparentes et une taille double de celle des soldats. Mais si leur existence semble plus brillante,

elle est extrêmement courte et se termine
le plus souvent d'une manière bien misé-
rable. Dès la seconde journée, après que
les nymphes, en prenant des ailes, se
sont transformées en insectes parfaits,
mâles et femelles s'envolent par myriades
à l'approche de la nuit; mais le lendemain, le soleil venant à dessécher leurs
ailes, ils tombent et deviennent la proie
des oiseaux, des lézards et même des
nègres, qui les font griller et leur trouvent un goût agréable. — Quelques couples de ces infortunés insectes, recueilli
par des termites ouvriers, deviennent les
rois et les reines de nouvelles commu-
nautés; on les enferme dans une cellule
d'argile, autour de laquelle s'élèvent rapidement les constructions dont nous
avons déjà parlé. Bientôt la reine, qui a
acquis peu à peu une grosseur énorme,
se met à pondre des œufs en nombre incroyable : plus de quatre-vingt mille,
dit-on, en une journée; ces œufs sont
aussitôt portés dans des cellules où ils

doivent éclore, et recevoir de la part des larves tous les soins que leur situation exige. — C'est du moins ce que nous racontent les voyageurs, dont les récits ont été peut-être quelque peu embellis par leur imagination.

Outre les *termites belliqueux* dont nous venons de parler, on distingue encore les *termites voyageurs*, à l'envahissement desquels souvent il n'est pas facile de résister : on cite un Européen qui, pour défendre son habitation, ne vit pas d'autre ressource que de semer de la poudre sur le chemin que suivaient ces insectes et d'y mettre le feu ; il en fit sauter ainsi plusieurs millions, et alors l'arrière-garde, qui était à un quart de lieue de la tête de colonne, se décida à rebrousser chemin. Mais les plus malfaisants de tous sont les *termites destructeurs ;* ils s'avancent par-dessous les fondements d'une habitation, rongent et dévorent les pieux, les poutres, les planches, en travaillant toujours à l'intérieur, et sans que rien paraisse au-dehors, jusqu'à ce que la pièce de bois, entièrement vidée, cède et se brise. Ainsi un édifice s'écroule parfois tout-à-coup, sans qu'il ait été possible de soupçonner le danger.

Tout dangereux qu'ils sont, ces insectes ne laissent pas de rendre à l'humanité quelques services, entre autres en faisant disparaître une quantité d'arbres morts qui, en pourrissant lentement, ne feraient qu'encombrer la surface du sol et y engendrer des miasmes. D'ailleurs, le Créateur, dans sa sagesse, a eu soin de mettre des bornes à la propagation de ces êtres dangereux. Les termites ont beaucoup d'ennemis : ils sont la proie d'une espèce de fourmis ordinaires, qui les poursuivent avec acharnement; certaines peuplades nègres s'en nourrissent, comme nous l'avons dit, et enfin ils sont à peu près l'unique aliment des quadrupèdes de la famille nombreuse des édentés, et en particulier des pangolins, qui en font un très-grand carnage.

XXI.

La sangsuculture ou l'éducation artificielle des sangsues.

Vous vous étonnez, mes chers amis, du titre étrange que je donne à ce chapitre, et cependant c'est le moins barbare de tous les noms que les savants ont donnés à l'industrie dont il s'agit. Oui, l'on cultive aujourd'hui les sangsues, comme on se livre à la culture du poisson (ce qui s'appelle *pisciculture*), manières de parler bien peu satisfaisantes pour désigner des procédés nouveaux imaginés depuis quelques années pour la reproduction artificielle de ces sortes d'animaux utiles.

6

M. Borne, propriétaire à Claire-Fontaine (Seine-et-Oise), avait exposé dans la galerie d'histoire naturelle du Palais de l'Industrie, des spécimens extrêmement curieux et intéressants de l'industrie dont nous nous occupons, et l'attention publique était vivement attirée par la vue de ses produits. On y remarquait, en effet, dans des bocaux, des sangsues à tous les degrés de grosseur et de développement, des cocons prêts à éclore, et enfin un fragment du terrain tourbeux dans lequel les éleveurs taillent des rigoles, soigneusement recouvertes de gazon, et qui, placées convenablement sur les bords des marais, doivent recevoir les cocons au moment de la ponte. Rien ne manquait à cette exposition, et l'on pouvait suivre pas à pas tous les progrès du petit animal depuis sa naissance jusqu'à son plein développement au moment de la vente.

Chacun de mes lecteurs connaît les sangsues, ainsi que les services qu'elles rendent lorsque, appliquées sur un membre où le sang afflue de manière à y causer une inflammation dangereuse, elles nous soulagent promptement du mal en enlevant la cause qui le produisait, au risque, il est vrai, de nous affaiblir parfois d'une manière fàcheuse.

Depuis 1813, époque où le fameux médecin parisien Broussais les mit à la mode, la consommation de ces annélides était devenue si considérable, qu'on n'en trouvait plus dans l'occident de l'Europe, et qu'il fallait les aller chercher au loin, au Maroc, en Hongrie, en Moldavie et en Valachie, et jusque dans l'Asie-Mineure. En 1832, l'importation en France s'éleva à 57 millions 1/2 de sangsues, pour une valeur de 1,724,610 fr.; dès-lors la consommation a un peu diminué; on l'estime à environ 40 millions d'individus; mais les prix sont encore très-élevés, et c'est ce qui a donné naissance à l'industrie de la sangsuculture.

Un journalier des environs de Bordeaux, M. Béchade, s'étant aperçu que les marais où l'on a de tout temps pêché des sangsues indigènes renfermaient d'autant plus de ces animaux qu'on y faisait paître plus de bestiaux, et notamment de chevaux, pensa que le sang de ces quadrupèdes exerçait une influence considérable sur la multiplication et le développement des sangsues. Pour s'en assurer, il afferma un marais moyennant une redevance qui, très-minime dans l'origine, s'est élevée graduellement jusqu'à la somme de 30,000 fr., qu'elle dépasse même aujourd'hui.

Le promoteur de cette industrie, devenu millionnaire, a naturellement trouvé beaucoup d'imitateurs, de sorte qu'on évalue à environ 5,000 hectares l'étendue des *barrails* ou marais consacrés à cette industrie sur les bords de la Dordogne et de la Garonne, à Cubzac, Ludon, Blanquefort, Montferrand, Ambés, etc., et l'on estime que cette industrie produit annuellement un mouvement commercial d'environ 40 millions de francs. Il en est résulté, il est vrai, des plaintes assez vives de la part des populations environnantes, qui voient avec peine se multiplier ces marais, sources d'exhalaisons d'autant plus malsaines que, pour que les cocons réussissent, il faut que les étangs, d'ailleurs toujours très-peu profonds, soient desséchés du 15 juin au 15 août, époque de la plus grande chaleur.

Voici la marche généralement suivie dans cette industrie, actuellement introduite dans plusieurs autres régions de la France, et notamment dans le département de Seine-et-Oise.

Un marais est divisé en un certain nombre de carrés d'assez grandes dimensions. Ces carrés constituent autant de bassins où l'eau n'a guère que 30 à 40 centimètres de profondeur, car on a remarqué que les sangsues n'aiment ni les eaux trop profondes ni les eaux courantes : il leur faut des flaques d'eau tranquille. De juin à octobre, les femelles déposent en terre, hors de l'eau et dans des rigoles que les éleveurs ont pratiquées exprès, jusqu'à 3 cocons d'une bourre grossière brun noirâtre, moins gros que ceux du vers à soie et dans lesquels sont renfermés leurs œufs. Chacun de ces cocons produit de petites sansgues, dont le nombre varie de 10 à 31.

A peine né, l'animal s'enfonce dans la tourbe, va chercher la couche d'eau, où il passe l'hiver sans prendre aucune nourriture. C'est au printemps seulement qu'il éprouve le besoin de prendre son premier repas, et c'est alors que l'on introduit dans les bassins des chevaux, des ânes, des mulets, que l'âge ou le travail a mis hors d'usage, et qui viennent ainsi rendre à l'homme un dernier service. Dans l'origine, ces infortunés animaux se vendaient 12 à 15 francs pièce seulement ; aujourd'hui on les paie jusqu'à 100 et 120 francs dans les environs de Bordeaux. Les éleveurs intelligents, au reste, ne les laissent dans les marais peuplés de sangsues que pendant un temps assez court, après quoi ils cherchent à les re-faire par une nourriture substantielle, de manière qu'ils puissent, au bout d'un certain temps, rendre de nouveau le même genre de service.

L'instinct vorace des sangsues est tel qu'à peine l'agitation de l'eau leur a-t-elle révélé la présence d'une proie vivante, qu'elles arrivent par milliers de tous les points du bassin, se précipitent sur la malheureuse victime, et là sucent, su-cent, jusqu'à ce que, gorgées, ivres de sang, elles retombent dans leur bassin, et gagnent les profondeurs du marais pour s'y mettre à l'abri du froid et digé-rer leur succulent festin.

Pour qu'une sangsue puisse être livrée au commerce, il faut qu'elle ait au moins dix-huit mois. Mais avant qu'elle ait atteint ce terme, elle court de grands dangers, car elle est entourée d'ennemis redoutables auxquels les éleveurs font bonne guerre. Ces ennemis, qui se glissent perfidement dans les bassins ou viennent se poser à leur surface, sont le rat d'eau, la taupe, la musaraigne, le canard sauvage, la poule d'eau, le râle, la bécassine et toute la famille des échassiers. Tant qu'elles sont dans leur marais natal, les sangsues ne sont sujettes à aucune maladie ; c'est seulement lorsqu'on les transporte qu'elles contractent des espèces de fièvres putrides qui en font périr un très-grand nombre.

La pêche se fait de la manière la plus simple. D'avril à juin et de septembre à novembre, des femmes ou des hommes chaussés de grandes bottes de cuir entrent dans le marais, portant un sac et un petit siége en bois léger, et s'asseient paisiblement. Aussitôt les sangsues, croyant qu'elles ont affaire à un cheval ou à un mulet, accourent et se cramponnent aux bottes des pêcheurs, qui les choisissent de l'œil et enlèvent avec le doigt celles qui conviennent. Mais ces sangsues, gorgées et nourries du sang des animaux, sont moins bonnes et moins appréciées que les sangsues vierges ; aussi les éleveurs intelligents prennent-ils la précaution de les laisser dégorger dans des bassins particuliers pendant six mois ou un an avant de les livrer au commerce.

La pêche finie, vient le triage : on divise les sangsues par grosseur ; on les place ensuite dans des baquets remplis d'une argile épurée et amollie où elles se casent. On recouvre ces baquets d'une toile solidement attachée, et c'est en cet état qu'elles arrivent dans les centres de consommation.

XXII.

Une ortie qui est bonne à autre chose qu'à piquer.

Chacun de mes lecteurs connaît l'ortie ordinaire, cette plante si désagréable par ses piquants, et qui est si commune en Europe dans le voisinage des habitations et surtout des étables. Les orties, comme chacun a pu le remarquer, sont hérissées de poils, à la base desquels est une petite glande qui sécrète un liquide âcre et caustique; quand ces poils traversent notre peau, cette liqueur pénètre dans la plaie et donne lieu à une inflammation vive et cuisante. C'est à peu près le même phénomène qui a lieu lorsque le serpent à sonnettes ou tel autre reptile venimeux vient à mordre quelque animal : au moment de la morsure, les dents du serpent venant à presser avec force sur une glande remplie de venin et placée à leur base, le liquide empoisonné jaillit par un petit canal qui traverse les dents de part en part, et devient ainsi la plus terrible des défenses contre les ennemis du reptile.

Les orties cependant peuvent rendre quelques services. Lorsqu'elles sont jeunes et tendres, on peut les apprêter comme des épinards, et elles constituent un légume aussi sain qu'agréable ; ou bien, quand elles sont devenues plus fortes, on peut, en les laissant se flétrir quelques heures, pour éviter les piqûres, les donner à manger aux vaches, qui les aiment beaucoup, et chez lesquelles on augmente ainsi la production du lait. En Suède, on cultive même l'ortie en grand pour la nourriture des bestiaux.

Néanmoins, l'ortie conserve sa mauvaise réputation de plante malfaisante, inutile, et ce n'est pas sans une certaine surprise que le public a pu contempler à l'Exposition les produits merveilleux d'une espèce d'ortie de la Chine, avec laquelle on fait des fils et des tissus aussi beaux que ceux du lin le plus fin et le meilleur. L'*ortie utile* ou *ramie* présente en effet une tige filamenteuse que l'on rouit comme le chanvre et le lin, et de laquelle on tire un fil qui, par sa blancheur, sa finesse et sa tenacité, l'emporte sur le meilleur lin ; il se laisse d'ailleurs facilement teindre et peut prendre les nuances les plus délicates. On voyait à l'Exposition de magnifiques échantillons de fibres de ramie envoyées par la Chine, par l'Inde anglaise et par les colonies hollandaises du sud-est de l'Asie, et il n'y a plus d'hésitation au sujet du brillant avenir qui semble réservé à cette ortie. La Chine l'emploie depuis l'époque la plus reculée de ses antiques dynasties à fabriquer des étoffes comparables à nos belles batistes ; les Indes orientales l'exploitent dans le même but ; les indigènes des Moluques et des grandes îles de l'archipel indien en font aussi des tissus, des cordages, des filets ; et des expériences, exécutées récemment avec le plus grand soin par ordre du gouvernement hollandais, ont montré que la quantité de fibres obtenues du ramie dépasse le rendement du meilleur lin, que la tenacité de ces fibres est plus grande que celle du lin et du chanvre, enfin, que leur blancheur et leur beauté éclipsent celles du lin. Si, comme on le prétend, cette substance remarquable pouvait être apportée sur les marchés d'Europe en grande quantité et vendue au même prix que le bon lin (1 fr. 20 à 1 fr. 60 le kilogramme), il y aurait là pour les possessions hollandaises de l'Inde orientale la matière d'un commerce important et la source assurée de profits considérables.

Quoi qu'il en doive être dans l'avenir,

les Anglais, qui depuis quelques années se préoccupent beaucoup de trouver de nouvelles matières textiles végétales propres à la fabrication du papier, ont accueilli avec grand enthousiasme, sous le nom de *China grass*, l'ortie de la Chine, et en attendent de magnifiques résultats.

XXIII.

Les arbres à cire.

Au milieu de tant et tant de merveilles
dont nous sommes entourés, je suis vraiment embarrassé parfois pour savoir des-
quelles je dois vous entretenir, et si
d'avance je ne m'étais pas imposé des
limites infranchissables, ce n'est pas un
petit volume, mais plusieurs gros que
j'aurais à écrire, sans que les sujets vins-
sent à manquer. Au risque d'allonger, je
ne peux résister au désir de vous dire
quelques mots d'un sujet auquel je n'avais
pas d'abord songé, mais qui me paraît

cependant devoir vous intéresser, soit comme manifestation de l'admirable sagesse avec laquelle Dieu a organisé toutes choses, soit parce qu'il s'agit d'un produit qui pourrait être introduit en France avec grand avantage pour chacun de nous. Je veux parler des *myrica* ou *arbres à cire* des Etats-Unis.

Il existe dans la Floride, dans les Carolines et jusque dans la Pensylvanie, de vastes plaines marécageuses, plus ou moins boisées, horriblement malsaines, et qui seraient inhabitables si la Providence n'y avait fait croître en abondance des *myrica*, petits arbres qui ont la propriété d'assainir l'air en absorbant l'hydrogène des marais, gaz impur qui est la principale cause d'insalubrité dans ces lieux constamment humides. Et non-seulement ces arbres assainissent les foyers pestilentiels qui se trouvent dans le pays et permettent aux hommes et aux animaux d'y vivre, mais ils répandent, lorsqu'il fait chaud, une odeur aromatique des plus agréables et qui est elle-même favorable à la santé.

De tels arbres seraient évidemment déjà un grand bienfait de la bonté de Dieu, indépendamment de tout autre produit. Mais les myrica présentent en outre une foule d'avantages, qui en feraient désirer vivement la naturalisation en France, naturalisation déjà effectuée depuis un certain temps en petit, bien qu'on n'ait pas encore su utiliser cette plante convenablement.

Sans parler des racines, qui sont employées en Amérique pour certaines préparations médicinales, sans parler des feuilles, qu'on dit très-efficaces pour préserver les étoffes des mites qui les rongent, les myrica offriraient aux cultivateurs un revenu important dans la cire qu'on peut retirer de leurs graines, et qui a les mêmes usages et les mêmes qualités que celle d'abeilles.

Il existe une dizaine d'espèces de *myrica;* mais les deux seules à citer sont celle de la Caroline (myrica cerifera) et celle de la Pensylvanie (myrica pensylvanica), dont la première s'élève à la hauteur de 3 ou 4 mètres, la seconde à 1 1/2; elles ne diffèrent que par la grosseur des fruits. Ces deux variétés peuvent être cultivées avantageusement en France. M. Kellermann, qui les recommande vivement à l'intérêt des agriculteurs, est parvenu à en blanchir parfaitement la cire, et à en faire des bougies semblables à celles qu'on obtient de la cire des abeilles. Il pense qu'on pourrait avec grand profit remplacer, dans les lieux humides, les haies d'épines par des haies de ciriers de la Pensylvanie, ou même en établir des plantations sur de plus vastes espaces. En Algérie, la culture de cette plante paraît prendre une assez grande extension.

On sème la graine dans une terre légère et on arrose abondamment. Au bout de deux ans, on repique les plantes dans l'endroit le plus frais possible et à 20 centimètres de distance l'une de l'autre; au bout de deux autres années, on peut mettre chaque arbuste à la place qu'il doit définitivement occuper. En Amérique, ces arbres sont très-abondants et couvrent la plus grande partie des marais. Ils fleurissent au printemps et avant la pousse des feuilles. Les graines restent sur l'arbre une partie de l'hiver; on a ainsi trois ou quatre mois pour les récolter.

Lorsqu'on veut extraire la cire, on récolte les fruits; on en remplit des sacs de toile que l'on plonge dans de l'eau bouillante; bientôt la cire liquéfiée monte à la surface de l'eau, d'où on l'enlève avec des spatules; on obtient ainsi de la cire presque pure. Mais comme il en reste une certaine quantité attachée aux fruits, on fait bouillir le marc dans l'eau, et alors on obtient la cire de deuxième qualité. Il ne reste plus après cela qu'à purifier cette matière, à la blanchir et à en confectionner des bougies.

XXIV.

L'ambre jaune.

Parmi les divers objets fort remarquables envoyés par la Prusse à l'Exposition universelle de 1855 : statues en zinc doré, porcelaines, fers de Berlin, armes, draps, etc., nous nous sommes plu à étudier les innombrables objets sculptés en *ambre*, cette substance d'une origine si mystérieuse et que la Prusse fournit maintenant au monde entier.

L'ambre jaune, ou *succin*, ou *carabé*, est une matière résineuse d'un très-bel éclat, d'un jaune pur ou tirant quelquefois sur le rouge ou le brun. Les variétés les plus estimées sont transparentes; mais il y a des variétés tout-à-fait opaques. Lorsqu'on soumet l'ambre à l'action de la chaleur, elle développe une odeur aromatique et agréable. Les variétés les plus communes sont employées pour la préparation du vernis gras ; les plus beaux échantillons, au contraire, présentant une matière assez dure et susceptible de recevoir un beau poli, servent à la fabrication d'ornements infiniment divers : colliers, bracelets, chapelets, crucifix, chandeliers, petites coupes, porte-cigares, poignées de sabres ou de poignards, bouts de tuyaux de pipe, etc. ; nous nous souvenons même d'avoir vu dans les galeries du Palais-Royal un gros morceau d'ambre dont on a fait une pipe montée en argent et qui n'était pas estimée à moins de 1,000 francs. Nous n'avons rien vu d'aussi remarquable dans l'Exposition prussienne; mais les innombrables objets que nous avons observés étaient en général d'un aspect charmant et gracieux, et présentaient une variété infinie de nuances et de formes.

Chose bien singulière! l'ambre jaune paraît provenir d'arbres du genre des pins, qui existaient avant le déluge, et dont on ne retrouve plus que les graines et les cônes. On a remarqué, en effet, que lorsqu'il est associé dans la terre à des dépôts de lignites et autres bois fossiles, il est ordinairement adhérent ou attaché à la partie extérieure de ces bois ou à l'écorce; d'où l'on a conclu que le succin ne serait autre chose qu'une transformation d'une substance résineuse produite autrefois par des végétaux qui font aujourd'hui partie des dépôts de charbon minéral. On ne peut douter d'ailleurs que l'ambre jaune, comme les résines ou les gommes, n'ait été originairement à l'état liquide. Dans toutes les collections minéralogiques, on peut voir effectivement des échantillons de succin dans lesquels se trouvent empâtés des brins de plante et surtout des insectes très-bien conservés, appartenant à des espèces qui n'existent plus de nos jours. La présence de ces animaux dans cette substance prouve qu'elle a été formée dans l'atmosphère, probablement pendant la vie des végétaux, et avant que ceux-ci, par une suite de bouleversements, aient été enfouis dans des terrains, où l'extrême chaleur les aura transformés en bois fossiles, lignite ou houille. Quelle mystérieuse histoire que celle d'un de ces morceaux d'ambre, si on pouvait la suivre pas à pas!

On exploite le succin en France, à Auteuil près de Paris, et dans les dépôts de lignite des départements de l'Aisne, des Basses-Alpes et du Gard. Mais les gîtes les plus renommés et les plus considérables se trouvent sur les bords de la mer Baltique. Depuis Dantzig jusqu'à Mémel, l'exploitation de l'ambre jaune est l'objet d'une industrie très-importante qui n'existe guère que dans cette contrée. Il s'y trouve dans des couches de sable, de cailloux roulés et de bois fossiles. Les eaux des ruisseaux et des lacs de ce pays, les vagues de la mer sur la côte en jettent sur le rivage des quantités considérables, que l'on recueille avec soin ; mais on l'exploite aussi par des fouilles, et surtout en faisant ébouler le terrain dans les escarpements de la côte de la Baltique. Le gouvernement prussien en a affermé la pêche aux tourneurs de Dantzig moyennant 500,000 francs. Généralement, c'est après les plus violentes tempêtes que se font les plus belles récoltes de succin. Les pêcheurs, montés sur de petits bateaux, interrogent des yeux le fond de la mer, et dès qu'ils aperçoivent un beau morceau d'ambre, ils l'enlèvent avec un filet à travers les mailles duquel le menu gravier peut s'échapper. Ordinairement l'ambre jaune est en petits rognons; on en rencontre cependant quelquefois des masses considérables; on en cite un fragment qui ne pesait pas moins de 24 livres. A Florence, dans le cabinet du grand-duc, on en fait admirer une colonne de

10 pieds de hauteur, faite de quelques morceaux de succin d'une grosseur exceptionnelle. Dans le palais de Tzarskoë-Cœlo, construit par Catherine II près de Saint-Pétersbourg, on remarque même tout un salon littéralement marqueté de cette substance.

L'ambre jaune est connu depuis une haute antiquité. Il était très-estimé des anciens et surtout des Grecs, qui ont pris plaisir à accumuler sur ce sujet une foule de légendes merveilleuses. Selon toute apparence, l'ambre employé par eux provenait des mêmes localités qui le fournissent encore aujourd'hui au commerce; mais les communications de la Grèce avec l'Allemagne du nord étant fort indirectes, on comprend que l'imagination des poètes se soit exercée pour donner une origine merveilleuse à cette matière, que nous-mêmes nous connaissons encore si imparfaitement. Les Romains faisaient aussi grand cas de l'ambre, et l'on rapporte que du temps de Néron, cet empereur aussi prodigue que lâche et cruel, on envoya sur les bords de la mer Baltique une expédition tout exprès dans le but d'acheter de l'ambre, qui pût donner plus de pompe à des jeux publics dans lesquels les filets et les cordages, entourant l'enceinte où combattaient les bêtes féroces, furent ornés de cette substance précieuse et rare, de même que tous les instruments et appareils employés dans ces jeux barbares.

Une autre circonstance assez intéressante se rattache à l'histoire de l'ambre. C'est dans cette matière que paraît avoir été découverte une propriété extrêmement curieuse, qui était déjà connue des anciens philosophes de la Grèce. Si, après avoir frotté vivement un morceau d'ambre sur une étoffe de laine, on l'approche de petits corps légers, tels que des parcelles de papier ou de moelle de sureau bien sèche, ces objets seront fortement attirés et s'envoleront vers lui. Pendant longtemps ce phénomène singulier est demeuré sans conséquence ; mais depuis une centaine d'années il a été étudié avec soin ; la même propriété a été retrouvée dans beaucoup d'autres corps : on a découvert les moyens d'accumuler la force qui produit les légers phénomènes d'attraction que nous venons de décrire, et finalement, dans les mains des savants, cette force, connue sous le nom d'*électricité*, a pu produire les effets de la foudre. Au reste, ce nom même d'électricité sous lequel on désigne maintenant tous les phénomènes se rattachant à cette branche importante des sciences physiques, est dérivé du mot par lequel les Grecs désignaient l'ambre jaune (*électron*), et rappelle ainsi que c'est dans cette substance que les propriétés électriques ont été tout d'abord découvertes et constatées.

XXV.

Le quinquina.

L'Exposition universelle de 1855 nous a présenté plusieurs collections intéressantes d'écorce de quinquina, et notre attention a été d'autant plus attirée vers cette substance, qui rend de si grands services à la médecine et dont on semble craindre d'être bientôt presque complètement privé.

Le *quinquina* ou *quina* (du mot péruvien *kin-kin*, écorce des écorces) est en effet l'écorce de certains arbres du Pérou et du Brésil, qui croissent à 7 ou 800 mè-

tres de hauteur, principalement sur les
flancs de la Cordillère des Andes, et dont
on compte une cinquantaine d'espèces,
qui ne fournissent pas toutes le véritable
quinquina. Cette substance précieuse est
le *fébrifuge* par excellence ; on l'emploie
dans les fièvres continues et surtout dans
les fièvres intermittentes, et la médecine
possède assurément peu de remèdes dont
l'effet soit aussi certain que celui-là.
L'écorce de quinquina sert encore à rani-
mer les forces de l'estomac ; enfin, employée en poudre ou en solution dans le
vin, elle peut arrêter les progrès de la
gangrène et des affections putrides.

Comment est-on arrivé à la connaissance des importantes propriétés du quinquina ? Bien des explications merveilleuses ont été données à ce sujet. On a dit,
par exemple, que des Indiens dévorés
par la fièvre s'étant par hasard désaltérés
à une mare où des troncs brisés de quinquina étaient baignés par l'eau, cette
boisson, qui renfermait en dissolution les

principes de l'écorce fébrifuge, rétablit les malades et révéla ainsi les propriétés précieuses d'un arbre jusqu'alors inconnu. — Ce qui est plus certain, c'est qu'en 1638, la comtesse del Cinchon, femme du vice-roi du Pérou, atteinte d'une fièvre intermittente rebelle, fut traitée par un corrégidor (indien) de Loxa, qui lui donna du quinquina et la guérit. Ce fait remarquable fut connu en Europe, et la poudre amère de l'écorce précieuse commença à être connue sous le nom de *poudre de la comtesse*. On l'appela aussi *remède des jésuites*, parce que ce fut, dit-on, un général des jésuites qui l'administra à Louis XIV. Selon d'autres, ce fut un Anglais, nommé Talbot, qui vendit à ce roi l'art d'employer le nouveau remède demeuré un secret jusqu'à ce jour. Au siècle passé, le savant La Condamine rapporta la première espèce qu'on eût vue en France et donna de l'arbre une description complète. Dès ce moment, la réputation de cette substance alla toujours croissant. On l'employait sous forme de poudre ou d'écorce broyée, bien qu'une portion très-minime de cette écorce eût de l'efficacité. Mais vers 1820, la découverte qui fut faite de la *quinine* et de la *cinchonine*, deux substances auxquelles l'écorce de cette plante doit toutes ses propriétés médicinales, a permis de substituer à la poudre d'écorce du sulfate de quinine ou tel autre composé présentant un principe médical très-énergique sous un infiniment plus petit volume.

Les arbres à quinquina sont tantôt assez élevés, tantôt de petite taille. On ne les trouve jamais réunis par touffes, mais toujours isolés au milieu d'arbres d'une autre espèce; jamais dans les plaines, mais seulement sur les montagnes. Les feuilles du quinquina sont lisses, assez épaisses et en forme de fer de lance. Chaque rameau du sommet de l'arbre finit par un ou deux bouquets de fleurs. Les variétés de cette plante sont extrêmement nombreuses; dans le commerce,

on en distingue quatre catégories principales : les *quinquinas gris*, les *jaunes*,
les *rouges* et les *blancs* ; mais toutes ont
de grandes analogies.

Malgré la variété des espèces, le mode
d'exploitation du quinquina est de nature
à donner des inquiétudes très-sérieuses
relativement à la production future d'une
des substances les plus utiles de la matière médicale. En effet, le plus souvent,
les hommes qui s'adonnent à la recherche
des quinquinas, les *cascarilleros*, après
s'être ouvert un passage, la hache à la
main, à travers les épaisses forêts vierges de ces régions, ou s'être détournés
cent fois pour éviter les précipices et les
torrents, ne trouvent rien de plus simple que d'abattre l'arbre pour en avoir
l'écorce, qu'ils emportent ensuite à des
distances qui parfois nécessitent quinze à
vingt jours de marche à travers des obstacles de tout genre, pour arriver à un lieu
de rendez-vous ou de campement. Rien
d'étonnant d'après cela si les grands

arbres de ce genre ne se rencontrent à peu près plus.

Justement préoccupée de la disparition prochaine de végétaux qui sont pour elle une source d'importants revenus, la *république de l'Equateur* vient d'interdire aux particuliers d'aller faire chacun à leur guise la récolte des écorces de quinquina dans les vastes forêts des Cordillères qui sont la propriété de l'Etat. A l'avenir, nul ne pourra se livrer à cette industrie sans une permission spéciale, et défense très-sévère est faite de dépouiller entièrement les arbres de leur écorce, de manière à les faire périr. Des mesures analogues ont été prises pour la conservation des arbres à caoutchouc. On ne saurait trop approuver de telles précautions, puisqu'elles tendent à conserver des plantes infiniment utiles à la société.

En attendant que ces mesures puissent produire quelque effet; en attendant que les plantes de quinquina introduites en 1851 en Algérie puissent s'y naturali-

ser, le public savant a appris avec intérêt, par une communication du docteur
Scherzer à la Société médicale de Vienne,
qu'il existe, dans les Cordillères de l'Amérique centrale, un autre arbre appelé
chichiké, dont les indigènes emploient
l'écorce avec succès contre les fièvres
intermittentes. Cet arbre vient en grande
abondance sur les pentes occidentales des
Cordillères, dans l'Etat de Guatemala, et
réussit surtout dans les lieux un peu
humides. Un quintal de l'écorce du chichiké ne revient, dans le port de l'Océan
le plus rapproché, à guère plus de 8 pias-
tres (un peu plus de 44 francs), ce qui,
vu le prix extrêmement élevé du quinquina, serait certainement un fait très-
important pour la médecine. Espérons
que cette bonté de Dieu, qui nous a fait
trouver des mines presque inépuisables
de houille préparées d'avance par sa
sagesse dans les entrailles de la terre,
au moment où nos forêts étaient sur
le point de s'épuiser ; qui nous a donné

la pomme de terre pour suppléer à l'in-
suffisance des céréales ; l'igname de la
Chine, pour venir en aide à la pomme de
terre malade ; la betterave, pour ajouter
à la production trop coûteuse de la canne
à sucre ; le coton, pour subvenir à des
besoins que le chanvre, le lin et la laine
ne pouvaient satisfaire ; espérons que la
divine Providence nous fera rencontrer
au temps convenable quelque autre substance propre à remplacer la quinine, si
l'arbre d'où l'on extrait celle-ci venait
plus tard à nous manquer. Celui qui, en
ordonnant à l'homme de croître, de multiplier, de remplir la terre et de l'assu-
jettir, a pris un soin si merveilleux de
lui faire trouver partout, même sous les
glaces des pôles, les ressources les plus
variées pour son alimentation et son bien-
être, le Dieu dont la sagesse est infiniment diverse et dont le nom est amour,
ne nous laissera pas dans l'embarras et
nous fera découvrir d'une manière ou
d'une autre le secours dont nous aurons

besoin. Que nos cœurs soient seulement toujours disposés à sentir ses bienfaits et à lui rendre honneur et gloire !

XXVI.

Les merveilleuses découvertes du microscope devenant un moyen d'éclairer la justice.

Chacun de nos lecteurs a vu un *microscope,* ou en a entendu parler. C'est un instrument d'optique qu'on attribue à un opticien de Middelbourg (Zélande). nommé Zacharias Jansen, lequel l'inventa vers l'an 1590, le destinant à grossir de petits objets qui échapperaient tout-à-fait sans cela à la simple vue. Tout l'appareil se compose ordinairement de trois tuyaux emboîtés les uns dans les autres ; il y en a un qui porte une lentille en verre, ap-

7

pelée *objectif*, et destinée à former en arrière d'elle une image agrandie de l'objet à observer; un autre renferme une autre lentille, nommée l'*oculaire*, parce que l'œil s'y applique, et qui agit sur l'image, de façon à l'amplifier encore davantage; enfin, il y a un anneau circulaire, qui avance et recule à volonté, et qui sert à porter l'objet, en le plaçant dans la position la plus favorable pour la vision. On éclaire d'ailleurs l'objet, soit au moyen d'une glace légèrement concave, qui y réfléchit la lumière du ciel, soit à l'aide d'une bougie, dont un verre convergent concentre les rayons.

Armé de cet instrument admirable, l'homme a pu sonder les merveilles étonnantes des infiniment petits de la création; constater des prodiges de sagesse dans l'organisation d'êtres tellement chétifs que l'œil humain ne les aperçoit pas; les voir se multiplier sans fin et sans mesure dans les airs, dans les eaux, sur la terre, de même que l'astronome, à l'aide de son télescope, voit se multiplier de plus en plus à son regard surpris le nombre des soleils et des mondes qui peuplent les espaces immenses du firmament. Si on vous disait que dans une seule goutte d'eau sale et corrompue, il existe des millions d'animalcules vivants et pourvus des organes nécessaires à leur existence, vous ne voudriez pas le croire; si vous entendiez M. de Humboldt, le patriarche de la science moderne, vous affirmer que les eaux de l'Océan sont pour ainsi dire remplies d'*infusoires* microscopiques tellement imperceptibles qu'en en réunissant un nombre aussi considérable que l'est celui de tous les hommes qui habitent sur la surface de la terre, on formerait à peine un volume de la grosseur d'une tête d'épingle, vous supposeriez que ce vénérable vieillard a voulu se jouer de vous. Mais si l'on vous faisait voir de vos propres yeux ces merveilles, si l'instrument dont nous vous entretenons vous faisait constater la parfaite réalité de toutes ces affirmations étonnantes, ne devriez-vous pas vous écrier avec le roi-prophète et avec tous les naturalistes chrétiens : *O Eternel! que tes œuvres sont en grand nombre! tu les as toutes faites avec sagesse. O que les trésors de la puissance et de la sagesse de Dieu sont profonds!*

Et quand on en vient aux détails, comme le microscope rectifie nos idées, et nous fait apercevoir des desseins de sagesse dans ce qui ne nous inspirait que dédain ou mépris! Dans la patte d'araignée qui vous dégoûte, il vous montrera un peigne magnifique de la plus belle écaille, laquelle, bien loin d'être sale, est plutôt impossible à saisir à cause de son extrême poli. Cet objet vous paraîtra admirablement approprié à deux buts en rapport avec les conditions d'existence de l'insecte : une très-fine main avec laquelle la fileuse se fait glisser à son fil pour monter et descendre ; d'autre part, un peigne qui sert à l'attentive ouvrière pour tenir sa toile, pendant le travail, dans la position voulue, jusqu'à ce que le fil ténu, qui semble plutôt un nuage, s'affermisse, séché par l'air, et ne revienne plus flottant sur lui-même.

Etudiez encore l'organisation étonnante de l'aile du plus chétif papillon ; observez seulement un peu de cette farine légère qui couvre son aile. Vous serez stupéfait de voir que la Providence, épuisant la plus ingénieuse industrie pour que ce petit être vole à son aise et sans fatigue, a semé son aile, non pas de poussière, mais d'une multitude de petits ballons, sorte de parachutes, instruments de vol fort commodes, qui, ouverts, soutiennent le petit aéronaute sans fatigue, qui, plus ou moins tendus, le font monter ou baisser, et, pliés, le mettent au repos. Soutenu ainsi, ajoute M. Michelet, auquel nous empruntons cette remarque, le moindre des papillons a une faculté de vol aussi illimitée que le premier oiseau du ciel.

Toutefois, en vous parlant du microscope, je ne me proposais pas seulement de vous donner une démonstration nouvelle que rien dans l'univers ne s'est fait au hasard, sans but, sans plan, sans intelligence; mais qu'au contraire, même les êtres les plus chétifs, ceux que l'homme n'aperçoit pas à l'œil nu ou qu'avec dédain il foule constamment aux pieds, sont des créatures organisées en vue d'une certaine existence, et pourvues chacune des moyens les plus propres à leur faire atteindre leur destination. J'avais surtout en vue de vous donner quelque idée des services vraiment inattendus et merveilleux que le microscope a commencé à rendre à la société pour la découverte de certains délits et crimes graves, qui, sans lui, seraient probablement demeurés impunis.

Sur l'un des chemins de fer prussiens, une boîte contenant de l'argent avait été enlevée, vidée de son contenu et remplie de sable. La police se met en campagne;

mais dans le nord de la Prusse, la terre est sablonneuse autour de presque toutes les stations : la police se voit donc complètement dépistée. On s'adresse au savant professeur Ehrenberg, célèbre dans le monde entier par les découvertes microscopiques qu'il a faites. Il examine avec soin le sable de la boîte, et se fait remettre des échantillons de sables pris sur tout le parcours de la ligne. Pour de simples yeux, tous les sables se seraient ressemblés ; mais il n'en fut pas de même pour l'illustre naturaliste ; grâce à son puissant et subtil microscope, la station où le vol avait été commis fut bientôt découverte, et presque aussitôt un employé infidèle fut appréhendé et mis en prison.

Mais c'est surtout en Angleterre que l'importance du microscope s'est manifestée avec éclat pour établir la culpabilité ou l'innocence de certains personnages appelés à figurer dans des causes criminelles.

Avant les progrès qu'a faits la science

du microscope, il n'y avait aucun moyen de s'assurer si une tache quelconque avait été occasionnée par du sang ou par tout autre liquide. Dans les vingt dernières années, la chimie avait bien fourni aux tribunaux quelques moyens de recherche; mais ils étaient insuffisants : on ne pouvait toujours pas décider si l'on avait affaire à du sang d'homme ou à du sang d'animal.

Alors est venu le microscope, qui a montré que le sang se compose de globules imperceptibles, la plupart teints en rouge, et nageant dans un liquide incolore. Plus tard, on a découvert que ces globules, chez les mammifères, sont de forme circulaire et non sphéroïde; que ce sont des disques dont l'épaisseur est égale au tiers du diamètre; mais que chez les oiseaux, les poissons et les mollusques, ils ont la forme d'un œuf; enfin, on a fait cette précieuse remarque que chaque espèce d'animal a, dans son sang, des globules qui diffèrent de ceux des autres espèces.

Les médecins appelés à paraître comme témoins devant les tribunaux sentaient depuis longtemps le besoin d'un moyen sûr et infaillible de cette nature ; car certaines substances laissent des taches pareilles à celles du sang, et les hommes de l'art les plus expérimentés peuvent s'y tromper. Nous citerons entre autres le jus de citron et le jus d'orange, dont les gouttes, déposées sur une lame de couteau ou sur un morceau de fer quelconque, peuvent dérouter l'observateur le plus scrupuleux. Il en est ainsi d'une couleur employée dans la peinture et formée d'oxyde de fer.

Il y a quinze ans environ, un jeune homme fut arrêté à Islington, près Londres, comme coupable d'un meurtre. On trouva en sa possession un sac couvert de taches que l'on prit pour du sang coagulé. M. le professeur Graham les soumit à une analyse chimique et prouva qu'elles provenaient d'une couleur rouge, usitée en peinture, et contenant de l'hypéroxyde de fer ; ce sac avait été en dernier lieu porté en guise de tablier par ce jeune homme, apprenti chez un fabricant de papiers peints. L'accusé fut aussitôt mis en liberté.

Au printemps de 1855, les assises de Cumberland eurent à statuer sur le sort d'un ouvrier nommé Munroë, coupable de meurtre sur la personne du payeur de la mine de charbon de terre où il était employé. La culpabilité était à peu près établie ; on l'avait aperçu sur le théâtre du crime, il avait changé de l'argent, il s'était fait couper les favoris et les moustaches par un maréchal-ferrant, etc., mais tout cela n'était pas suffisant pour le faire condamner.

Vint alors la preuve fournie par le microscope. On avait saisi chez l'accusé un pantalon de Manchester et un rasoir. Un des plus habiles microscopistes de Londres ayant examiné ces objets, découvrit sur le pantalon de petites taches dont la plus large était de la dimension d'un de ces grains de plomb nommés *dragées.* De

leur forme, il conclut qu'elles provenaient d'un jet de sang sorti de bas en
haut d'une artère violemment tranchée.
A l'entour, il remarqua des traces de savon qui prouvaient qu'on avait essayé de
laver les taches; quelques-unes d'entre
elles avaient même été recouvertes d'encre. Sur la lame du rasoir, il y avait un
peu de rouille et sur le manche également. Le président retourna de toute manière le microscope pour savoir si c'était
bien le sang d'un être humain ; l'homme
de l'art avait mesuré ces petits corps imperceptibles appelés globules ou corpuscules qui forment la matière colorante du
sang. Il n'y avait pas à s'y tromper. Les
globules de notre sang ont toujours
1/3200e de pouce anglais de diamètre, et
leur grosseur diffère plus ou moins de
ceux des quadrupèdes ; les globules d'un
mouton n'ont que 1/7000e de pouce anglais, et ceux des chiens que 1/3542e.

A Chelmsford, en 1852, un nommé H.
fut arrêté comme coupable de meurtre

sur une vieille femme. On avait trouvé dans un ruisseau, près de l'habitation de cette femme, un rasoir avec lequel le crime devait avoir été commis, rasoir enveloppé dans un mouchoir qui semblait appartenir à l'accusé. Sur la lame du rasoir, soigneusement examinée au microscope, on découvrit, outre du sang, quelques filaments qui furent déclarés être un mélange de fil et de coton, car, au microscope, les fibres de ces deux tissus sont très-faciles à distinguer les uns des autres. Or, le rasoir avait coupé un des rubans du bonnet de nuit de la vieille femme, et ce ruban était moitié fil et moitié coton. Cependant il fut acquitté, car il ne put être prouvé que le mouchoir et le rasoir lui appartinssent ; mais il parut quelque temps après vouloir prononcer sa propre sentence, et mit fin lui-même à ses jours.

Mais le fait le plus curieux en ce genre s'est passé, il y a quelques années, devant les assises de Norwich.

Un matin, on trouva, dans une des fermes de l'endroit, une jeune fille morte, avec une blessure au cou. On soupçonna fort la mère de la jeune fille, qui, le matin, l'avait elle-même conduite à la ferme. La mère répondit avec un grand sang-froid à toutes les questions. Elle avait, en effet, conduit sa fille ; mais cette dernière s'était écartée pour cueillir des fleurs, et c'est sans doute pendant ce temps que le meurtre avait été commis. On fit chez elle des perquisitions qui amenèrent la saisie d'un long couteau effilé, sur lequel on ne découvrit rien, si ce n'est quelques cheveux, qu'on pouvait prendre également pour les poils de quelque animal ; ils étaient si menus qu'à peine pouvait-on les apercevoir à l'œil nu. L'homme de police, qui remarqua le fait, interrogea la femme : « En effet, dit-elle, en rentrant à la maison, j'ai trouvé un lapin pris dans mon piége, et lui ai coupé le cou avec ce couteau. » Aussitôt l'arme fut envoyée à Londres et soumise à un examen microscopique. Bien que le couteau eût été lavé, on découvrit, en débarrassant la poignée de son enveloppe métallique, quelques traces de sang, non pas le sang d'un animal, d'un lapin, mais le sang d'un être humain. Ensuite on examina les cheveux ou poils. Etranger aux faits de l'accusation, le microscopiste déclara que c'étaient des poils d'écureuil. Il ne pouvait se tromper ; car les poils d'un animal, examinés au microscope, diffèrent tellement de ceux d'un autre, non-seulement sous le rapport de la grosseur, de la teinte, etc., mais encore sous celui de la construction physique, que l'erreur est impossible.

Or, la jeune fille portait une de ces pelisses nommées *victorines* en poil d'écureuil. Sans doute le couteau avait glissé sur cette pèlerine, dont il avait coupé quelques poils.

Les jurés regardèrent cette preuve comme suffisante, la femme fut condamnée , et , avant l'exécution , elle fit l'aveu complet de son infanticide.

Ainsi , *Celui que toutes choses servent ,* sait faire tourner au triomphe de la justice et à la confusion des méchants les découvertes mêmes qui semblaient au premier abord ne devoir servir qu'à amuser les désœuvrés ou à augmenter l'orgueil des faux savants. Au milieu des égarements de la science humaine, du pêle-mêle des opinions et des systèmes, la Providence veille, dirige, conduit ; ayons toujours confiance : l'Eternel règne, et quels que soient les triomphes apparents et momentanés de l'iniquité et du mal ici-bas, il se trouvera toujours vrai cependant que *toutes choses concourent ensemble au bien de ceux qui aiment Dieu ,* et qui s'attendent à sa bonté.

XXVII.

Les briques de tourbe artificielles.

.

L'Exposition de 1855 ne présentait pas seulement des objets de luxe et des produits extraordinaires de l'industrie ou de la nature ; on y rencontrait aussi une foule de choses utiles, se recommandant ou par leur bon marché ou par l'habileté de leur confection, ou comme réalisant un progrès nouveau dans tel ou tel genre d'industrie. Parmi les produits de cette dernière catégorie qui ont le plus attiré notre attention et notre intérêt, nous mentionnerons les nouvelles briques de tourbe épurée, qui constituent dès à présent un excellent moyen de chauffage économique, précieux à connaître dans un moment où les bois à brûler et les charbons haussent si démesurément de prix.

Les plus beaux échantillons exposés étaient ceux de M. Challeton, ancien élève de l'Ecole des mines, qui a établi ses usines à Montanger, dans la pittoresque vallée de l'Essone, près Corbeil. Au moyen de procédés extrêmement ingénieux, M. Challeton épure la tourbe, en sépare toutes les matières terreuses, la coule, la fait sécher et la réduit en charbon. Préparée par lui, la tourbe brûle sans répandre aucune odeur, soit à l'air libre, soit dans un foyer de cheminée, soit enfin (lorsqu'elle a été carbonisée) sur un fourneau de cuisine, où elle paraît devoir remplacer avantageusement le charbon de bois, son prix étant inférieur de moitié et sa puissance calorifique beaucoup plus grande.

La tourbe, comme le savent tous mes lecteurs, est une matière d'un brun noirâtre qui se forme sous les eaux des marais par l'altération de diverses plantes aquatiques. Ces plantes naissent, grandissent, se développent sans voir le soleil, s'entrelacent, retiennent les débris qui leur sont apportés de diverses manières et arrivent à former un sol que l'eau humecte, mais n'entraîne pas. Des couches successives se forment lentement, montent au niveau de l'eau, puis le dépassent, et forment finalement un sol qui se solidifie et s'élève de 30 à 50 centimètres au-dessus. Des joncs, des roseaux et diverses herbes traînantes forment ordinairement au-dessus de la tourbe une couche qu'on appelle le *bouzin*, tourbe trop jeune, non encore mûre, qui brûle facilement, mais qui n'a pas les qualités de la tourbe d'ancienne formation. Les extracteurs de tourbe pensent qu'il faut de vingt-cinq à trente ans à une tourbière épuisée pour reformer un banc de 3 à 4 mètres d'épaisseur. On peut donc se ménager une exploitation régulière des marais, de manière à avoir toujours de nouvelles portions de tourbe à extraire.

On appelle *tourbières* les gisements de tourbe. Ils occupent quelquefois des espaces immenses dans les parties basses de nos continents. Ces dépôts ne sont pas toujours couverts d'eau; dans divers lieux ils sont à sec, et il s'est formé au-dessus d'eux des couches de sable et de limon qui ont suffi pour donner naissance à de belles prairies; c'est ainsi que la plupart des prairies de la Normandie sont sur de la tourbe. Les plus grandes tourbières de France sont celles de la vallée de la Somme, entre Amiens et Abbeville. Il y en a aussi de considérables dans les environs de Beauvais, dans la vallée de l'Ourcq, dans les environs de Dieuze, dans les hautes vallées du Jura, etc. La Hollande, qui n'a presque pas d'autre combustible que la tourbe, en renferme une grande quantité, ainsi que la Westphalie, le Hanovre, la Prusse, la Silésie, etc.

La tourbe se recueille au moyen d'un instrument importé de Hollande et qui s'appelle *louchet*. Il se compose d'une longue perche unie et droite, au bout de laquelle est adaptée une armature en fer carrée, ouverte sur une de ses faces. Cette armature a environ 1 mètre de longueur et se termine à l'extrémité inférieure par un couteau tranchant qui occupe l'une des faces. On enfonce le louchet du haut en bas dans le banc de tourbe ; il y entre avec assez de facilité ; on le fait alors tourner sur lui-même pour couper tous les filaments et on l'enlève en l'inclinant en arrière ; on arrache ainsi de longues bandes cubiques de tourbe que l'on dépose dans un bateau.

Il y a quelques années, on se bornait après cela à laisser sécher la tourbe à l'air libre, car l'extraction n'a lieu que durant l'été ; puis on la comprimait dans des moules grossiers. Elle était employée ensuite au foyer domestique et dans quelques hauts fourneaux ; mais elle répandait une odeur désagréable et produisait beaucoup de cendres, à raison de la grande quantité de terre qui s'y trouve mêlée. Mais depuis un certain nombre d'années, on s'est mis à la distiller pour en tirer du gaz d'éclairage ; on l'épure, on la carbonise, afin de la réduire en une sorte de coke, comme la houille, et de pouvoir la brûler dans les cheminées sans qu'elle répande une mauvaise odeur. On est ainsi arrivé à en faire un charbon qui peut servir à forger le fer et qui, dans les fourneaux domestiques, peut remplacer, comme nous l'avons dit, le charbon de bois. Le succès est aujourd'hui complet, et l'on a pu voir à l'Exposition des échantillons de tourbe à tous ses différents états : tourbe brute, tourbe comprimée, tourbe carbonisée, et enfin les diverses matières qu'on en a retirées par l'analyse chimique. Ce sont des progrès qui ont certainement une haute portée pour le bien-être des populations.

XXVIII.

Un nouveau métal.

On s'est quelquefois étonné que les anciens Celtes, nos barbares ancêtres, entourés de minerais qui produisent le fer, se soient contentés si longtemps de se fabriquer des armes et des instruments en pierres de silex. Et pourtant, malgré tous les progrès de notre industrie actuelle, on peut dire qu'il n'y a guère que quatre ans que nous connaissons l'*aluminium*, ce nouveau métal qui entre souvent pour un tiers dans la composition des terres les plus communes : les *argiles*, les *marnes*, les *ocres ;* comme aussi

dans celle de matières plus précieuses :
le *kaolin* ou terre à porcelaine , les
aluns, les *saphirs,* qui sont de l'alumine
cristallisée pure et colorée en bleu ; les
rubis, qui sont cette même substance
colorée en rouge, etc.

L'aluminium est avant tout remarquable par son étonnante légèreté ; il pèse
quatre fois moins que l'argent, en sorte
que ce n'est jamais sans une véritable
surprise que l'on soulève un gros lingot
de ce métal, qui renverse toutes nos
idées sur la pesanteur traditionnelle des
métaux. Parmi les différents objets fabriqués avec cette matière, on a pu remarquer des tubes destinés à la confection
des lunettes d'approche ou de spectacle,
et il est certain que l'aluminium sera très-
précieux pour un emploi pareil ; car,
grâce à sa légèreté, ces instruments per-
dront une partie du poids qui les rend
incommodes. On a aussi proposé d'en
user pour fabriquer les aigles qui figurent sur les shakos des soldats.

L'aluminium manque d'éclat; sa couleur blanc-bleuàtre rappelle bien plus celle du zinc ou de l'étain que celle de l'argent. Mais, d'un autre côté, il est absolument inaltérable à l'air, et ne noircit pas comme le dernier métal que nous venons de nommer.

Une circonstance bien importante pour l'économie domestique, c'est que l'aluminium est le plus inoffensif de tous les métaux. En admettant que les vases de cuisine puissent en laisser dissoudre une petite quantité, aucun accident n'est à craindre, et c'est un avantage énorme que l'aluminium possède sur le cuivre; l'étain même n'est pas inoffensif. Le savant chimiste auquel nous devons presque tout ce que nous connaissons sur ce métal, M. Deville, a vécu plusieurs années en Franche-Comté, où l'on emploie à peu près exclusivement pour la cuisine des vases de fer. Il trouvait aux aliments un goût ferrugineux très-prononcé. D'un autre côté, les Francs-Comtois qui viennent à Paris trouvent à la cuisine un goût de poisson non moins caractéristique. Ce goût de poisson est celui d'un des sels produits par l'étain, et il devient très-sensible lorsque l'étamage est neuf. L'aluminium qui pourrait être dissous dans la préparation des aliments serait au contraire sans aucune action fâcheuse d'aucune sorte.

Le nouveau métal est de plus fort sonore ; le son en est presque cristallin et semblable à celui de l'argent. Il sera donc possible d'employer l'aluminium à la fabrication d'instruments de musique de tout genre, lesquels auront sur tous les autres ce grand avantage d'être infiniment plus légers.

Ajoutons que l'aluminium offre plus d'élasticité que l'argent ; qu'il peut être étiré en fils aussi fins, plus fins même. Sa tenacité est plus grande encore, et l'on peut presque dire qu'il est malléable et ductile sans limites. Enfin, comme il se fond tout aussi difficilement que l'argent, que le feu le plus vif de cuisine serait insuffisant pour l'altérer , et qu'il ne noircit pas , il est évident qu'il pourra remplacer ce dernier métal pour la fabrication de vases allant au feu.

Ce fut en 1827 qu'un illustre chimiste allemand , M. Wœhler , de Gœttingue , découvrit l'aluminium , et parvint à s'en procurer quelques globules , dont des matières étrangères masquaient le véritable aspect. Plus tard, M. Sainte-Claire Deville , révélant pour ainsi dire au monde l'importance de cette découverte , réussit à réunir en sphères , puis en lingots , les globules découverts par M. Wœhler. Lorsque, le 14 août 1854, les premières expériences relatives à l'aluminium furent soumises à l'Académie des sciences, M. Dumas, le grand chimiste , comprit tout l'intérêt qui pouvait se rapporter à ces recherches. L'empereur ouvrit à M. Deville un crédit illimité sur les fonds de l'Etat, et 30,000 francs furent ainsi employés à des recherches dans l'usine de

Javelle. Pour se procurer l'aluminium, il fallait se servir du *sodium*, le métal dont se compose le sel marin. Mais ce métal se vendait autrefois jusqu'à 5,000 francs le kilogramme; son emploi devenait donc impossible dans cette condition. Il fallait avant tout faire baisser le prix d'extraction du sodium, et M. Deville arriva à le produire pour 9 à 10 francs le kilogramme. Dès-lors on pouvait aborder en grand la fabrication de l'aluminium, et actuellement ce dernier métal est livré à 300 fr. environ le kilogramme, ce qui fait que l'industrie peut désormais sans crainte s'occuper des applications à en tirer.

Au reste, dans cette question, comme dans l'acclimatation de nouvelles plantes ou d'animaux étrangers, le plus difficile c'est d'introduire quelque chose de nouveau dans les usages, et de créer au métal dont il s'agit une place entre le fer, le cuivre et l'argent. Rien n'est plus difficile à vaincre que les habitudes invétérées. Si le verre n'existait pas, s'il venait à être découvert aujourd'hui, il faudrait peut-être cinquante années pour l'introduire dans la consommation. Ce sont les fabricants, les ouvriers, particulièrement ceux des industries où l'on emploie des vases d'argent, pour lesquels on craint l'hydrogène sulfuré qui les noircit, qui ont montré le plus d'empressement et d'intelligence pour la propagation de l'aluminium.

Dans les salles de la Société d'encouragement de Paris, lors de la séance extraordinaire du 2 décembre 1857, on voyait exposés mille objets divers, tous fabriqués avec l'aluminium, et se rapportant aux usages les plus variés de l'industrie et de l'économie domestique. A côté des vases de cuisine, des cuvettes, des gobelets, il y avait des bijoux de toute forme, des instruments d'optique, etc. On remarquait surtout une cuvette et un pot à eau dont les formes rappelaient celles du moyen-âge. Ces objets avaient été fabriqués au tour et au marteau. Sous ce rapport le travail était irréprochable ; mais les soudures étaient encore imparfaites. On avait dû employer l'étain qui donne peu de solidité. Il y a là un progrès à faire ; c'est à l'industrie à le réaliser. En attendant, on rapporte les pièces avec des rivets, comme on faisait, il n'y a pas bien longtemps encore, pour l'orfèvrerie d'argent. L'anse du vase est coulée creuse ; cela montre la facilité avec laquelle on peut travailler l'aluminium.

Pour les usages industriels, on n'emploie pas encore l'aluminium pur. Malgré les perfectionnements apportés à la fabrication par M. Morin, le métal renferme toujours une petite proportion de cuivre. Du reste, l'alliage du cuivre avec l'aluminium fournit des bronzes susceptibles d'un emploi très-avantageux. Ces alliages se font dans des proportions variables. Celui qui a donné les meilleurs résultats contient 10 pour 100 d'aluminium. Il ressemble au fer par presque toutes les propriétés physiques, et peut être étiré en fils dont la tenacité dépasse la tenacité des fils de fer pur. Lorqu'on aura déterminé le pouvoir conducteur de cet alliage au point de vue de l'électricité, il est très-probable qu'on songera à l'employer pour la fabrication des conducteurs destinés à la télégraphie électrique. Comme l'a fait remarquer M. Dumas, ces fils, à cause de leur légèreté, pourraient être très-précieux dans l'établissement des câbles sous-marins.

Mais en voilà assez pour faire comprendre à nos lecteurs l'importance de ce métal si récemment découvert, et dont la matière existe sous nos pieds partout où nous marchons. Un légitime et vif intérêt s'attache naturellement aux efforts tentés pour le perfectionnement de cette nouvelle découverte, qui semble destinée par la Providence à rendre à l'humanité de très-grands services.

XXIX.

Un pont jeté sur un bras de mer.

Parmi les diverses et très-nombreuses merveilles d'art et d'industrie que présente l'Angleterre, il n'en est guère qui méritent plus d'attirer l'attention des voyageurs que le célèbre *pont-tube Britannia*, qui relie au pays de Galles la grande île d'Anglesey, transporte, avec une vitesse de 6 à 8 lieues à l'heure et à plus de 100 pieds d'élévation, des convois de voyageurs et de marchandises, et sous lequel voguent à pleines voiles les plus grands vaisseaux.

Cet étonnant chef-d'œuvre de l'industrie moderne a pour auteur M. Robert Stephenson, l'un des plus savants ingénieurs dont la Grande-Bretagne se glorifie. Sans se laisser arrêter par des difficultés de toute nature, il a poursuivi sans relâche la réalisation de sa merveilleuse entreprise, et il a eu la joie, non-seulement de la voir réussir au-delà de ses espérances, mais de la voir imitée, avec succès, en divers lieux où l'on n'aurait jamais pensé avant lui qu'il y eût possibilité d'élever un pareil moyen de communication.

Disons d'abord en peu de mots ce dont il s'agit. Nous parlerons ensuite des obstacles que l'ingénieur a eus à surmonter.

Le pont dressé à travers le détroit de Ménaï se compose de deux longs tubes horizontaux (l'un pour les trains d'aller, l'autre pour les trains de retour), et qui, composés de plaques ou de feuilles de fer semblables à celles qu'on emploie pour les chaudières des machines et fortement rivées par environ deux millions de boulons, reposent à leurs extrémités sur de fortes culées en maçonnerie, et s'appuient à la hauteur voulue de 100 pieds sur trois tours massives, construites, l'une sur un petit rocher appelé Britannia et situé au milieu du détroit, les deux autres de chaque côté du détroit, à la ligne de haute mer.

Le pont-tube, long de 1,492 pieds anglais, soit 454 mètres 75 cent., se divise en quatre parties d'inégales longueurs :

1º De la culée terminant la levée du côté de Carnavon (pays de Galles) jusqu'à la tour construite de ce même côté à la ligne de haute mer. . . . . . . 274 pieds

2º De cette tour à la tour Britannia, construite sur le rocher, au milieu du détroit. . 472 »

3º De la tour Britannia à la tour construite à la ligne de haute mer du côté d'Anglesey. 472 »

4º De la tour d'Anglesey à la culée terminant la levée du même côté. . . . . 274 »

Longueur totale. . . . 1,492 pieds.

Chacune de ces galeries aériennes se compose donc de quatre tubes rectangulaires creux, formant un seul tube qui surpasse en grandeur toute construction en fer qu'on ait jamais nulle part établie, et pesant 5,000 tonnes, c'est-à-dire presque autant que deux vaisseaux de cent vingt et un canons avec leur chargement au grand complet. En examinant ce long et étroit passage de 15 pieds de large sur 30 de hauteur, et dont certains fragments n'ont pas moins de 472 pieds de long, il paraît étonnant qu'on ait pu, par un agencement habile des matériaux divers mis en œuvre, donner à chaque fraction du tube, non-seulement la force nécessaire pour se soutenir elle-même, mais encore une force suffisante pour supporter les lourds convois de voyageurs et de marchandises qui doivent la traverser, se croisant ainsi dans l'air et à grande vitesse. Et plus on appelle la raison à son aide, plus la chose semble incompréhensible ; car les feuilles de fer dont se com-

pose cette galerie aérienne ne sont pas à
la lettre aussi épaisses que le couvercle,
les côtés et le fond d'un cercueil en bois
d'orme de 6 pieds et demi, sur 2 pieds
de large, tout juste assez fort pour transporter un malheureux indigent de l'hôpital au cimetière! Et cependant, dès le
premier jour, on avait fait passer et même
stationner au centre de chacune des
grandes travées se soutenant ainsi elles-
mêmes dans les airs, un convoi de gros
blocs de houille pesant en tout, locomo-
tives comprises, plus de 300,000 kilog.,
et la flexion produite pendant une station
de deux heures par cette masse inerte
n'avait été que de $4/10$ de pouce. Pour donner toute sécurité au public, M. Stephenson avait d'abord songé à donner à ses
tubes l'appui de chaînes auxiliaires en fer,
mais avant que la construction fût ache-
vée, il avait reconnu la complète inutilité
de ces chaînes, qui auraient coûté à la
compagnie du chemin de fer de Chester
à Holyhead, la somme de 3,750,000 fr.

L'exécution de cette œuvre gigantesque n'a demandé que quatre années, tandis qu'il en a fallu huit pour achever le beau pont suspendu de Telford, qui, tout près du pont-tube Britannia, traverse également le détroit de Ménaï. Pour ce qui est de la dépense, elle a été évaluée à 15 ou 16 millions de francs.

Le pont-tube Britannia a été ouvert au public en mars 1850, et il attire beaucoup de voyageurs dans cette contrée pendant la belle saison. L'aspect en est vraiment imposant, et la vue dont on jouit de là est extrêmement belle et pittoresque. Les culées et les tours sont revêtues à l'extérieur en marbre gris d'Anglesey; les dernières s'élèvent à environ 200 pieds au-dessus de l'eau. Les quatre statues colossales de lions, placées par couples aux abords des culées en maçonnerie, du côté des levées qui viennent y aboutir, sont du même marbre que les tours; quoique couchés, ils ont 12 pieds de haut et 25 de long.

Nous ne pouvons entrer dans le détail des opérations relatives à l'assemblage des plaques ou feuilles de fer, au rivage de ces feuilles par le moyen d'environ 2 millions de boulons, etc. Disons seule ment que les trous percés dans ces feuilles (longues les unes de 12 pieds, larges de 2, les autres moins grandes de moitié) ont été pratiqués d'avance et avec une régularité parfaite au moyen d'une puissante machine à vapeur; après quoi les divers fragments du tube ont été montés et construits sur des plates-formes établies le long du rivage, de manière que chaque tube a pu être conduit de là par mer jusqu'à la place qu'il devait occuper, et à laquelle il a été hissé au moyen de presses hydrauliques qui l'ont soulevé et déposé sur les culées ou tours destinées à le recevoir, et qui ne sont pas à moins de 100 pieds d'élévation , ainsi que nous l'avons déjà dit. Au jour fixé pour la mise à flot du pont-tube, ces dernières opérations s'exécutèrent avec une merveilleuse facilité, en présence d'une affluence extra-ordinaire de curieux accourus de toutes les parties du pays de Galles, de l'Angleterre et même de l'Amérique et du continent. Chacun voulait voir ce merveilleux travail qui suffirait à lui seul pour immortaliser le nom de Stephenson.

La connaissance des difficultés de tout genre que l'ingénieur avait eues à vaincre, ajoutait sans doute à l'intérêt puissant qui s'attachait à la réussite de son entreprise.

Lorsqu'il s'agit d'établir le tracé du chemin de fer de Chester à Holyhead, une grande difficulté se présenta : c'était de savoir par quel moyen de longs convois de voyageurs et de marchandises pourraient être transportés en sûreté, sans ralentissement de vitesse, à travers le bras de mer qui sépare le comté de Carnavon de l'île d'Anglesey. Pour arriver à la solution de ce problème, l'ingénieur de la compagnie reçut l'ordre de faire une reconnaissance très-exacte des lieux.

A ses pieds s'étendait le détroit de Ménaï, dont la longueur excède 12 milles,
et dans lequel les eaux de la mer d'Irlande et du canal de Saint-Georges, res-
serrées entre deux rives escarpées, sont
agitées, non-seulement d'un mouvement
alternatif continuel, mais en même temps
et par la même cause, s'élèvent et s'abais-
sent progressivement de 20 à 25 pieds à
chaque marée. L'heure de ces marées
variant d'ailleurs chaque jour, il en ré-
sulte une suite incessante de changements
dans le régime des eaux.

La partie du détroit qu'il s'agissait de
franchir, quoique plus large que la partie
déjà occupée, à environ 1 mille de distance, par le pont suspendu de Telford,
était naturellement une des plus étroites
qu'il eût été possible de choisir : aussi la
mer s'y engouffre avec une telle impétuosité, qu'il est en général très-difficile à
une petite embarcation de tenir contre la
violence du courant. Ces rafales qui descendent et débouchent, dans toutes les

directions, des montagnes et des gorges voisines, sont d'ailleurs si brusques et parfois si rudes, qu'il est aussi dangereux de naviguer à la voile qu'à la rame.

Mais indépendamment des petites contrariétés que purent lui susciter l'air, la terre et l'eau, le grand obstacle que rencontra M. Stephenson lui vint de l'*amirauté* ou conseil supérieur de la marine, qui exigeait que le pont que l'on construirait à travers le détroit de Ménaï s'élevât au moins à 100 pieds au-dessus du niveau de la haute mer, sans présenter ni échafaudages ni cintres, attendu, alléguait-on, que cela pourrait gêner la navigation.

Quoique cette dernière condition, celle d'établir en l'air une grande construction sans support, fût considérée par les hommes de l'art comme équivalant à une interdiction absolue, M. Stephenson ne perdit pas courage, et après de longues études, présenta le plan d'un pont magnifique, formé de deux arches en fonte, dont chacune, prenant naissance à 50 pieds au-dessus de l'eau, devait avoir 450 pieds d'ouverture et 100 pieds d'élévation. Les deux arches de chaque côté de la pile centrale étant reliées ensemble de manière à se faire mutuellement contrepoids, comme deux enfants tranquillement assis aux extrémités opposées d'une planche qui n'est soutenue qu'au milieu, la nécessité d'obtenir un cintre se trouvait ainsi écartée. Mais l'amirauté repoussa ce projet, se fondant sur ce que l'élévation requise de 100 pieds n'y serait obtenue que *sous le sommet* des arches, au lieu de s'étendre sur toute la largeur du canal.

Cette exigence inattendue du maintien, *sur toute l'étendue du passage*, de l'élévation spécifiée semblait rendre le succès à peu près impossible, et cependant toute résistance était inutile. M. Stephenson ne se découragea pas; il s'enferma dans son cabinet, et après de longues méditations et de patientes études, il annonça à la compagnie qu'il avait trouvé le moyen de résoudre le problème dans les conditions voulues, et, de plus, qu'il était prêt à mettre ses plans à exécution ; bel exemple de persévérance à proposer aux jeunes gens, qui, prompts à s'enthousiasmer pour une belle théorie, se laissent souvent bien vite décourager par les premiers obstacles qu'ils rencontrent !

Nous avons exposé plus haut en quoi consistaient ces nouveaux plans de M. Stephenson, lesquels obtinrent sans peine le complet assentiment de la compagnie. Mais nous pensons être agréable à nos lecteurs en leur exposant sommairement la théorie en vertu de laquelle l'illustre ingénieur a conçu et exécuté l'une des œuvres les plus étonnantes et les plus hardies de la science moderne.

On suppose généralement, en regardant une traverse ordinaire de plafond, que les parties correspondantes, supérieure et inférieure, de cette traverse souffrent également de la charge qu'elle porte. Le fait est que ces couches supérieure et inférieure souffrent de causes

diamétralement opposées : la couche supérieure souffre dans toute sa longueur
d'une *compression* proportionnelle à la
charge; la couche inférieure d'une *tension*
également proportionnelle à la charge ; et
tandis que les molécules de la première
sont violemment foulées les unes contre
les autres, les molécules de la seconde
sont, au contraire, sur le point de se
disjoindre. En un mot, la différence est
exactement la même qu'entre les deux
supplices qu'on ferait subir à un homme,
et qui consisteraient, l'un à l'écraser sous
un poids qui tomberait sur lui verticale-
ment, l'autre à l'écarteler en le faisant
tirer par quatre chevaux.

Pour faire l'application de cette théorie,
il suffit d'une petite baguette droite fraîchement coupée à un arbre.

Dans sa forme naturelle et à l'état de
repos, l'écorce ou la peau qui enveloppe
cette baguette est partout également lisse;
mais si, tenant fermement les deux bouts
de la baguette et les rapprochant l'un

vers l'autre, on la courbe en forme d'arc dont la partie convexe serait dirigée vers la terre, de manière à figurer une poutre ou autre pièce de bois soumise à une pression considérable, deux effets opposés se manifesteront aussitôt : l'écorce, au centre de la courbure intérieure de la baguette, correspondant à la partie supérieure de notre poutre, se contractera fortement ; tandis qu'immédiatement au-dessous, l'écorce de la courbure extérieure sera violemment tendue ; — ce qui indique, ou plutôt ce qui démontre que, sous l'écorce, le bois de la partie supérieure de la baguette est fortement comprimé, tandis que celui de la partie inférieure est soumis à une extension non moins forte. Si l'on poursuit cette petite expérience en courbant l'arc jusqu'à ce qu'il casse par le milieu, on trouvera que les éclats de la fracture supérieure s'entrecroisent, tandis qu'ils sont de l'autre côté séparés par un vide.

En y réfléchissant, on conçoit que ces

effets opposés de compression et d'extension doivent, à mesure qu'ils se rappro-
chent l'un de l'autre, diminuer d'intensité
jusqu'à ce qu'au centre de la poutre les
deux forces opposées se neutralisent ;
conséquemment, les feuilles de la poutre,
dans cette partie, n'ont à supporter aucun effort ; elles sont littéralement inutiles.

Or, du moment que l'on admet que la
force principale d'une poutre consiste dans
sa puissance de résistance à la compression et à l'extension, tandis que sa partie
centrale est comparativement inutile, il
s'ensuit que, pour obtenir la plus grande
somme possible de force, la quantité de
matière doit être accumulée à la partie
supérieure et à la partie inférieure ; en
d'autres termes qu'il faut creuser le centre de la poutre, qu'elle soit de bois ou
qu'elle soit de fer. Toutes les traverses de
fer, toutes les poutres des maisons en un
mot, toutes les pièces employées dans l'ar-
chitecture civile ou navale, et destinées à

porter des charges, sont soumises à la même loi.

Tel est le simple principe en vertu duquel M. Stephenson, obligé, ainsi que nous l'avons dit plus haut, de se conformer aux prescriptions de l'amirauté, résolut de faire franchir au chemin de fer de Chester à Holyhead le détroit de Ménaï à travers des tubes creux, au lieu d'essayer de le faire sur des poutres massives; et nous ajouterons, pour rendre plus sensible la vérité de cette théorie, qu'encore que ces galeries en plaques de fer, suspendues par la tension, en même temps que soutenues par la compression de leurs matériaux, aient été construites de manière à pouvoir porter près de *neuf fois* la charge du convoi le plus long qu'elles puissent jamais recevoir, c'est-à-dire d'un convoi occupant toute leur longueur, cependant, si, au lieu d'être creuses, elles eussent été en poutres massives de fer des mêmes dimensions, non-seulement elles n'auraient pas pu porter la charge requise, mais elles auraient fléchi sous leur propre poids.

On construit actuellement sur le fleuve Saint-Laurent, en Amérique, un pont-tube non moins hardi et non moins utile que celui dont nous venons de parler, et il est à supposer que cet exemple sera imité dans bien d'autres contrées encore. Les progrès accomplis de nos jours dans la sphère des améliorations matérielles sont vraiment merveilleux et incessants; mais pourquoi sommes-nous si paresseux et si lents lorsqu'il s'agit d'avancer dans la perfection spirituelle, dans l'amélioration de notre cœur, dans la sanctification de notre vie tout entière? Pourquoi, du moins, ne désirons-nous pas ce progrès-ci avec autant d'ardeur que le progrès matériel, et ne demandons-nous pas à Dieu les secours qu'il nous a promis pour croître et avancer dans la voie des perfectionnements de notre âme? Nous savons cependant que *celui qui demande, reçoit;*

et d'ailleurs, que *servirait-il à un homme de gagner le monde entier, s'il venait à faire la perte de son âme?*

XXX.

Quelques-unes des merveilles de la mer ou la sagesse de Dieu dans les infiniment petits de la création.

Quelle haute idée ne devons-nous pas nous faire de la sagesse divine, lorsque nous la voyons descendre en quelque sorte dans les profondeurs de l'Océan, et créer ses merveilles au milieu d'êtres destinés à vivre et à mourir dans des régions où règne une nuit perpétuelle et que sonde si rarement l'intelligence humaine ! Si les hommes avaient fait un monde, ils n'auraient jamais songé à finir les créatures des ordres inférieurs avec le même soin, le même poli que celles des ordres supérieurs. Leurs éléphants auraient été, je le veux bien, d'intelligentes bêtes; leurs lions, de magnifiques quadrupèdes; leurs papillons, de charmants jouets pour les enfants, et leurs chevaux, de splendides montures pour les hommes. Mais leurs coléoptères auraient été pauvres; leurs araignées auraient tissé des toiles bien grossières; leurs mollusques auraient été dépourvus de moyens de se procurer leur nourriture; les suçoirs de leurs astéries auraient été désorganisés au bout de deux heures; et leurs polypes auraient été tout-à-fait négligés ou organisés d'une manière trop expéditive et imparfaite. Rien de pareil ne se présente dans la réalité. Nulle part le moindre symptôme de hâte, la moindre négligence, la moindre imperfection dans le travail. Ces atomes vivants, invisibles souvent à l'œil nu, ont, sous le microscope, un corps aussi élégant que si l'animalcule devait occuper dans la création le premier rang au lieu du dernier. Aussi un grand naturaliste anglais , M. Forbes , a-t-il pu dire avec raison que l'habileté du souverain architecte de la nature ne se montre pas moins dans la construction d'une de ces créatures que dans l'édification d'un monde.

Oui, si *les cieux racontent la gloire du Dieu fort* (Ps. XIX) , les abîmes des mers ne nous parlent pas moins de sa sagesse et de sa puissance. Si vous ne prenez garde qu'à la beauté, les eaux ne céderont point complètement à la terre la palme de la grâce. L'Océan , par exemple, a ses papillons aussi bien que l'air : des lampyres exécutent dans ses flots les rondes dont leurs représentants sur la terre égaient les forêts des tropiques. Ainsi de petites lampes vivantes sont suspendues dans les vagues, et lancent leurs rayons argentés d'urnes vitales qui se remplissent à mesure qu'elles se vident. Par exemple encore, la transparence de quelques-uns des habitants des eaux leur donne un aspect féerique vraiment enchanteur. Ainsi le globe beroë (*cydippe pileus*) ressemble à une petite sphère du plus pur cristal, grosse à peu près comme une muscade. Huit bandes traversent la surface de ce globe animé, courant d'un pôle à l'autre comme les méridiens sur un globe terrestre. A ces bandes sont attachées une foule de petites lames que l'animal peut faire mouvoir de manière à se pousser à travers les eaux et à marcher soit en droite ligne, soit comme un bateau à vapeur dans toutes les directions, ou bien encore à pivoter sur son axe et à plonger avec infiniment de grâce et de facilité.

Vous vous promenez au bord de la mer, et vous ramassez ce qui ne vous semble être d'abord qu'une feuille profondément dentelée, picotée en tous sens de petits trous à peine visibles à l'œil nu. Mais regardez-la au microscope, et vous découvrirez que ces cavités sont de petites cellules ovales, rangées en séries régulières sur les surfaces de la feuille et que protégent quatre épines moussues plantées obliquement sur leurs bords. Eh bien ! chaque cellule a été le berceau d'un animal vif et alerte, et vous pouvez considérer la plante, dont vous examinez une seule feuille, comme une *ville de polypes* extrêmement peuplée, puisque, suivant les calculs d'un savant naturaliste anglais, M. Gosse, on peut compter plus de quarante mille individus sur les **deux** faces d'une seule feuille. Si vous voulez bien vous figurer, dit cet auteur, une vingtaine de mille berceaux rangés côte à côte sur une des faces de la feuille, puis, dos contre dos, vingt mille autres sur la face opposée, vous aurez une idée de ce curieux spectacle. Si des hommes avaient eu à construire un colossal dortoir d'enfants, avec quarante mille berceaux tous rangés par rues, ils n'auraient certainement rien pu imaginer de mieux pour protéger ces petites créatures que ce qui existe sur la feuille en question. Une membrane transparente servant de rideaux est étendue au-dessus de chaque berceau ; mais il y a, près de l'extrémité supérieure, une fente ménagée pour la sortie du jeune polype, lorsqu'il est assez fort pour entrer dans la vie active. Il sort alors et se tient debout. De la partie supérieure de son corps part un bouquet de longs bras ou tentacules. Ces organes sont pourvus de cils. Ce court duvet, d'une importance capitale pour une foule d'animalcules aquatiques, leur sert à créer des courants et à attirer leur nourriture à portée de leur bouche. C'est ainsi que ceux même qui sont immobiles peuvent se procurer à manger et fournir aux besoins d'une existence de quelques jours.

Mais il n'est pas nécessaire d'aller sur les bords de la mer pour jouir de spectacles analogues. Le premier marais d'eau douce que vous rencontrerez, vous fournira, par exemple, d'inombrables échantillons de *rotifères* (ou porte-roues) qui,

tout petits qu'ils sont, présentent des phénomènes très-remarquables. Une simple
fiole, attachée à l'extrémité d'un bâton,
vous permettra de capturer tout un
monde de petits êtres vivants. Supposez
qu'il vous arrive de prendre une philadine jaune : la créature en question peut,
sous certain rapport, se comparer à une
lorgnette de poche ; car elle peut raccour-
cir à volonté la partie supérieure aussi
bien que la partie inférieure de son corps,
en les faisant glisser le long d'une cavité
centrale. Le cou, avec son épais anneau,
est surmonté de deux de ces remarquables roues auxquelles toute cette classe
d'individus doit son nom, et qui ont l'air
au premier abord de tourner avec une
effrayante rapidité sur un axe invisible.
Toutefois, on sait parfaitement aujour-
d'hui que cette apparente rotation vient
du soulèvement alternatif des cils ou poils
qui bordent ces roues. Le but de ce mouvement est, comme nous l'avons dit plus
haut, de déterminer un courant d'eau

vers la bouche de l'animal. Les roues lui fournissent d'ailleurs un moyen de se transporter où il veut. Elles jouent absolument le rôle des aubes des roues d'un bateau à vapeur ; et même, tandis que les constructeurs de navires sont forcés de faire mouvoir les leurs tout d'une pièce, le rotifère peut gouverner séparément chaque cil à sa volonté ; opérer avec quelques-uns seulement ou avec tous, comme il l'entend, ou renverser les mouvements avec une facilité que l'homme, avec toute son adresse, ne peut jamais espérer d'imiter. Non moins prompt est le mécanisme au moyen duquel l'animal se replie sur lui-même lorsqu'il est dérangé ou insulté. Les rotifères sont d'un caractère très-susceptible ; la moindre offense suffit pour les faire renfermer chez eux. En un clin d'œil, les roues et la partie supérieure de l'animal sont rentrées dans le tronc, absolument comme si le cou et la tête de l'homme rentraient dans son corps chaque fois qu'il est attaqué. Puis, quand la cause de l'inquiétude est éloignée, la coulisse s'allonge avec précaution et les roues sortent les dernières, ce qui prouve qu'elles ont été complètement entraînées en dedans comme un doigt de gant retourné. L'instant d'après, la petite créature se remet à jouer des cils comme auparavant ; mais s'il arrive que quelque infusoire mal appris vienne la coudoyer, roues, anneau et cou disparaissent de nouveau, et il ne vous reste sous les yeux qu'une espèce de boule qui ne laisse rien soupçonner du délicat et merveilleux mécanisme dont elle est douée.

La couleur même de la philadine n'est pas moins que le reste un sujet d'admiration. Lorsqu'on le regarde à la lumière ordinaire, le corps est d'un jaune transparent, avec les extrémités supérieure et inférieure incolores ; mais lorsqu'on l'examine à la lumière réfléchie, il offre des teintes magnifiques. La couleur citron, devenue nette et brillante, est brusquement séparée par des portions transparentes, et tout l'animal prend un aspect étincelant extraordinaire. Il réfléchit des divers points de sa surface des rayons de lumière éclatante, comme si tout son corps était de pierres précieuses. Deux petits points rouge cramoisi, servant probablement d'yeux, placés juste au-dessus de la partie jaune du corps de la philadine, en rehaussent encore la beauté.

A la vue de toutes ces merveilles d'organisation, de grâce et de délicatesse, qui ne s'écrierait avec le roi-prophète : *O Eternel ! que tes œuvres sont en grand nombre ; tu les as toutes faites avec sagesse ! la terre est pleine de tes richesses !* (Ps. CIV, 24.)

FIN.

TABLE.

—

FIN DE LA TABLE.

Toulouse, Imp. de A. CHAUVIN, rue Mirepoix, 3.